多媒体技术应用

主 编 黄荣勤 杨胜卫 钟正群

北京工业大学出版社

图书在版编目（CIP）数据

多媒体技术应用 / 黄荣勤，杨胜卫，钟正群主编. — 北京：北京工业大学出版社，2018.12（2021.5重印）
 ISBN 978-7-5639-6759-9

Ⅰ. ①多… Ⅱ. ①黄… ②杨… ③钟… Ⅲ. ①多媒体技术－高等学校－教材 Ⅳ. ① TP37

中国版本图书馆 CIP 数据核字（2019）第 023148 号

多媒体技术应用

主　　编：黄荣勤　杨胜卫　钟正群
责任编辑：邓梅菡
封面设计：点墨轩阁
出版发行：北京工业大学出版社
　　　　　（北京市朝阳区平乐园 100 号　邮编：100124）
　　　　　010-67391722（传真）　bgdcbs@sina.com
出 版 人：郝　勇
经销单位：全国各地新华书店
承印单位：三河市明华印务有限公司
开　　本：787 毫米 ×1092 毫米　1/16
印　　张：11
字　　数：220 千字
版　　次：2018 年 12 月第 1 版
印　　次：2021 年 5 月第 2 次印刷
标准书号：ISBN 978-7-5639-6759-9
定　　价：48.00 元

版权所有　翻印必究

（如发现印装质量问题，请寄本社发行部调换 010-67391106）

前　言

　　随着信息技术突飞猛进的发展，多媒体技术应用在现代信息社会中的地位也越发重要，应用领域日益广泛。多媒体技术不仅是各层次专业人才培养内容的重要组成部分，也是各行各业人员必须掌握的一门现代技术。多媒体技术形成于 20 世纪 80 年代。随着电子技术和大规模集成电路技术的发展，计算机技术、广播电视和通信这三大原来各自独立的领域相互渗透、相互融合，从而形成了多媒体这一门崭新的技术。多媒体技术是当今发展最为迅速的信息技术之一，已成为当今社会关注和应用的热点。随着网络的高速发展和多媒体技术的广泛应用，人们的生活也变得越来越丰富多彩，这必将引领人类社会进入一个前所未有的高速发展的信息时代。

作　者

2018 年 10 月

目 录

第一章 走进多媒体世界 ·· 1
第一节 初识多媒体 ·· 1
第二节 了解多媒体技术的应用领域 ······························ 3
第三节 多媒体技术的发展历史、现状和趋势 ··················· 5
第四节 熟知多媒体集成工具 ·· 8

第二章 多媒体设备 ·· 15
第一节 多媒体个人计算机概念 ···································· 15
第二节 多媒体个人计算机设备 ···································· 22
第三节 存储设备 ··· 31
第四节 触摸屏 ·· 34
第五节 视频卡 ·· 38
第六节 扫描仪 ·· 40
第七节 数码照相机 ·· 44
第八节 彩色打印机 ·· 46
第九节 彩色投影机 ·· 50

第三章 美学与多媒体 ··· 55
第一节 美学概念和多媒体 ··· 55
第二节 平面构图及在多媒体中的应用 ··························· 57
第三节 色彩构成与视觉效果 ······································· 60
第四节 多种数字信息的美学基础 ································· 63

第四章 音频、图像、动画、视频处理技术 ····················· 67
第一节 音频处理技术 ··· 67
第二节 图像处理技术 ··· 75
第三节 动画制作技术 ··· 84

第四节　视频处理技术 …………………………………………………… 99
第五章　网络多媒体应用 …………………………………………………… 111
第一节　多媒体网络通信基础知识 ……………………………………… 111
第二节　多媒体在网络中的应用 ………………………………………… 116
第三节　流媒体技术 ……………………………………………………… 119
第四节　上机实验 ………………………………………………………… 123
第六章　多媒体应用系统设计与制作 ……………………………………… 125
第一节　多媒体应用系统 ………………………………………………… 125
第二节　多媒体应用系统创作软件 ……………………………………… 129
第三节　Authorware 多媒体创作平台 …………………………………… 131
第四节　Authorware 多媒体素材的应用与动画设计 …………………… 135
第五节　Authorware 交互与流程控制 …………………………………… 139
第六节　Authorware 文件组织、打包与发布 …………………………… 143
第七节　多媒体数据压缩技术 …………………………………………… 145
参 考 文 献 …………………………………………………………………… 163

第一章 走进多媒体世界

第一节 初识多媒体

一、多媒体的定义

在了解"多媒体"这个概念之前,先要了解什么是媒体。在多媒体技术中,媒体(Media)是一个重要的概念。什么是媒体呢?媒体是信息表示和传输的载体。它具有两层含义:一层含义是指信息的物理载体(即信息的存储和传递的实体),如书本、挂图、磁盘、光盘、磁带以及一些相关的设备等;另一层含义是指信息的表现形式(或称传播形式),如文字、图形、图像、视频、音频和动画等。在多媒体技术中所说的媒体,通常是指后者。那么什么是多媒体呢?到目前为止,尚没有严格的多媒体定义。有学者在其文章中给出了定义,即通过计算机对文字、数据、图形、图像、动画和声音等的多种媒体信息进行综合处理和管理,使用户可以通过多种感官与计算机进行实时信息交互的技术。由此可知,多媒体被定义为一个具有交互性的集成系统——多媒体系统。目前人们比较认同的观点是多媒体是指能够同时获取、处理、编辑、存储和显示两个以上不同类型信息媒体的技术。这些信息媒体包括文字、声音、图形、图像、动画和活动影像等。今天我们之所以拥有处理多媒体信息的能力,使"多媒体"成为一种现实,是因为计算机技术和数字信息处理技术的飞速发展。因此,现在所谓的"多媒体"并不是指多媒体本身,而主要是指处理和应用多媒体的一整套技术系统。

综上所述,多媒体可以这样去理解,即多媒体是指多种媒体(文本、图形、图像、动画和声音等)的有机组合,通过计算机可对其进行综合处理和控制,能支持完成一系列交互式操作。

其中,应注意以下几点。

(1)多种媒体的有机组合是指各种媒体之间要有一定的内在逻辑关系,并不是多种媒体的简单复合。

（2）要以计算机为中心，因为多媒体技术本身就是以计算机技术为基础的。

（3）具有一定的交互性，强调人在信息传递过程中的主动性和人机之间的交互性。

二、多媒体的类型

现代科技地发展大大方便了人与人之间的交流与沟通，也给媒体赋予了许多新的内涵。国际电报电话咨询委员会（CCITT，已被国际电信联盟取代）曾对媒体做了如下分类。

1. 感觉媒体

感觉媒体指能直接作用于人的感官，使人能直接产生感觉的一类媒体，如语言、音乐、自然界的各种声音、图形、图像、动画、文字和符号等统属于感觉媒体。

2. 表示媒体

表示媒体是为了加工、处理和传输感觉媒体而人为研究构造出来的一种媒体。此种媒体的作用是可以更加有效地存储、加工和处理感觉媒体，以便将感觉媒体从一地传送到另一地，如语言编码、电报码和条形码等。

3. 显示（表现）媒体

显示（表现）媒体是用于通信中，使电信号和感觉媒体之间产生转换所用的媒体，如键盘、鼠标、显示器、打印机、话筒和扫描仪等。

4. 存储媒体

存储媒体是用于存放表示媒体（感觉媒体转换后的代码等数据）的媒体，以便计算机随时处理、加工和调用信息编码，如硬盘、U盘、软盘、光盘等。

5. 传输媒体

传输媒体是用于将媒体从一处传送到另一处的物理载体，它是通信的信息载体，如同轴电缆、光纤和电话线等。

但在多媒体技术中所说的媒体一般是指感觉媒体。

三、多媒体技术的主要特性

多媒体技术具有以下几个主要特征。

1. 集成性

集成性包含以下两方面。一方面是指对各种媒体信息的集成，即是对文字、图形、图像、视频、动画和声音等多种形式信息的集成，从而实现信息存储和表现的多样化与多维化，多角度刺激人的感觉器官，提高信息的传播效果；另一方面是指对显示（表现）媒体设备的集成，即通过计算机把各种物理媒介，如音响、摄像机、录像机、激光唱机和电视等各种通信技术设备结合为一体。

2. 交互性

交互性是指用户可以与计算机实现复合媒体处理的双向性，它是多媒体的重要标志之一，没有交互性的系统就不是多媒体系统。交互性具有两层含义：一是指多媒体计算机利用图形交互界面、窗口技术以及屏幕触摸等方式，使人们能通过人机交互界面来操纵、控制多媒体信息地处理和显示；二是指多媒体技术为用户提供了视觉、听觉和触觉等多种交互手段。

3. 实时性

实时性是指当操作人员给出操作命令时，相应的多媒体信息都能够得到实时控制。

4. 控制性

多媒体计算机技术以计算机为中心，综合处理和控制多媒体信息，并按操作者要求以多种媒体形式表现出来，同时作用于人的多种感官。

5. 非线性

多媒体技术的另一特征是非线性，它改变了人们传统循序性的信息模式，借助超文本链接的方式，把内容以一种更灵活、更具变化的方式呈现给用户。用户可以按照自己的阅读方式去接受信息，能充分发挥用户的主动性。

多媒体与传统媒体相比较，其主要区别在于以下两点。

（1）传统媒体处理的信息基本上是模拟信号，而多媒体所处理的信息都是数字化信号。

（2）传统媒体只能让人们被动地接受信息，而多媒体则提供了一个友好交互界面，让人们在接受信息时可进行主动交互。

第二节 了解多媒体技术的应用领域

随着多媒体技术飞速发展，多媒体计算机已经渗透到人们生活的方方面面。作为一种新型媒体，多媒体正使人们的学习、工作和生活方式产生巨大的变革。随着计算机的全面普及，多媒体已逐渐渗透到各个领域。在文化教育、技术培训、电子图书、旅游娱乐、商业及家庭等方面，已经出现了大量以多媒体技术为核心的多媒体产品，且备受用户的欢迎。多媒体之所以能得到用户如此的喜爱，其原因是它能使图片、动画、视频片段、音乐以及解说等多种媒体统一为有机体，将内容生动地展现给用户，并使用户自始至终处于主导地位，更接近人们自然的信息交流方式和心理需求。

1. 教育领域

目前在我国，多媒体在教学领域中的应用才刚刚起步，这是一个大有可为的领域。学校的教师通过多媒体可以非常形象、直观、生动地讲解一些难于描述的内容，而且学生也可以更形象地理解和掌握相应的知识内容。学生还可以通过多媒体进行自学、自考等。教育领域是最适合用多媒体进行辅助教学的领域，多媒体的辅助和参与将使教育产生一场质的革命，其对教育的影响体现在教材、教学模式、教育观念、教育机构、教育工作、远距离教育等方面。

2. 商业应用

在商业和公共服务中，多媒体将扮演一个重要的角色。互动多媒体正越来越多地承担着向客户、职员和大众发布信息的任务。它是以一种新方式来进行传达信息和销售等活动，同时还能提高机构办事效率和用户的使用乐趣。人们可以在越来越多的地方，如商场导购系统、电子商场、网上购物和辅助设计等领域应用多媒体技术。

3. 家庭娱乐

在现代家庭中，人们随处可见多媒体的应用痕迹，如家庭电子影集、家庭影院、游戏和电子旅游等。利用多媒体，人们不仅可以记录美好难忘的瞬间，把生活中的美好瞬间制成光盘，以便随时观看，还可以使用电子游戏来丰富生活、提高智力，体验各种人生的乐趣。

4. 网络通信

随着网络的不断发展与健全，多媒体在网络中的应用已悄然兴起，让用户不出家门就能享受多媒体给他们带来的方便。例如，以多媒体为主体的综合医疗信息系统，可以使大众在千里之外享受到名医为自己精心诊断，从而充分改善了大众的医疗状况。再如视频会议系统，可以使广大异地与会者在繁忙工作中准时出席，通过摄像头、监视器等多媒体技术，让每一个与会者具有身临其境的感觉。还有视频点播系统（VOD）、视频购物系统等服务系统，这些服务系统的发展前景也是相当乐观的。当然，随着互联网的普及和电话线路带宽的升级，多媒体技术将越来越普及，一个有声音、动态的页面比静态的只有文字和图片的页面更能引起人们的注意，更具吸引力。网上多媒体可以与光盘结合，从光盘可直接访问互联网网站，实现盘网结合，充分发挥多媒体的作用。

5.计算机支持协作系统

（1）计算机支持协作学习是基于网络多媒体进行的群体或小组形式的学习，强调通过网络和计算机支持学者与同伴之间的交互活动。学者可以突破地域和时间限制，与同伴进行互教、讨论交流、课外活动或协作完成某一课题等。目前，许多学校已建立自己的校园网和计算机网络教室，为计算机支持协作学习提供了实现条件。

（2）计算机支持协同工作是指在网络上利用计算机支持群体成员间进行协同工作，以共同完成某项任务，并为其提供一个共享环境的界面。多媒体通信技术和分布式计算机技术相结合所组成的分布式多媒体计算机系统能够支持远程协同工作，即使其环境支持用户存在时间和空间的差异，工作者之间的交互可以同步进行。比如，各医学专家通过计算机支持协作系统异地会诊，科研专家通过计算机支持协作系统共同进行课题研究等。

第三节 多媒体技术的发展历史、现状和趋势

多媒体是一个不断发展与完善的系统，在不同历史时期，其特定的含义也不一样。随着微电子和数字化技术的进一步发展，多媒体又被赋予了许多新的内涵。

一、多媒体技术的发展历史

多媒体技术在英特尔 X86 时代初露端倪，如果从硬件上来印证多媒体技术全面发展的时间，那么应该是在计算机上第一块声卡出现后。在声卡出现之前，显卡就已经出现，至少显示芯片已经出现了。显示芯片的出现自然标志着计算机已经初具处理图像的能力，但是这不能说明当时的计算机可以发展多媒体技术。20 世纪 80 年代声卡的出现，不仅标志着计算机具备了音频处理能力，也标志着计算机的发展终于进入了一个崭新的阶段——多媒体技术发展阶段。

1984 年美国苹果公司在研制 Macintosh 计算机时，首次使用了位映射、窗口和图符等技术。这些技术跨越式地增加了计算机的图形处理功能，很大程度上改善了人机交互界面，备受用户欢迎。与此同时，鼠标问世并成为了实现人机交互的纽带。

1985年，微软公司推出了Windows系统，它是一个多层窗口多任务的图形操作系统，为实现人机友好交互提供了环境。同年，美国康懋达公司推出了世界上第一台多媒体计算机系统Amiga。

1986年，荷兰飞利浦公司和日本的索尼公司联合推出了交互式紧凑光盘系统（CD-I），同时公布了该系统所采用的CD-ROM光盘的数据格式。这对大容量存储设备光盘的发展产生了巨大的影响，并通过ISO认可成为国际标准。1988年，运动图像专家小组的建立又对多媒体技术的发展起到了巨大作用。进入20世纪90年代后，随着硬件技术的提高，多媒体时代终于到来。

自20世纪80年代之后，多媒体技术发展之快可谓是让人惊叹不已。不过，无论在技术上多么复杂，在发展上多么混乱，但是其发展依然有两条主线可循，一条是视频技术的发展；另一条是音频技术的发展。从音频视频交错格式（AVI）出现开始，视频技术进入了蓬勃发展时期。这个时期内的三次高潮主导者分别是音频视频交错格式（AVI）、流格式（Stream）以及动态图像专家组（MPEG）。AVI的出现无异于为计算机视频存储奠定了一个标准，而Stream使得网络传播视频成了非常轻松的事情，MPECG则是将计算机视频应用进行了最大化的普及。而音频技术的发展大致经历了两个阶段，一个是以单机为主的WAV和MIDI音频格式阶段；另一个是随后出现的各种网络音乐压缩技术阶段。

20世纪90年代以后，相关专家相继对多媒体工具、媒体同步、超媒体、视频应用、压缩、编码和通信协议等技术做了广泛的研究与攻关。

从PC喇叭到创新声卡，再到目前丰富的多媒体应用，多媒体正改变人们生活的方方面面，逐步走进千家万户。

二、多媒体技术发展现状和技术特点

1. 多媒体技术的发展现状

多媒体计算机技术是面向三维图形、环绕立体声、彩色和全屏幕运动画面的处理技术。而数字计算机面临的是数值、文字、语言、音乐、图形、图像、动画视频等多种多媒体的问题，它承载着由模拟量转化成数字量信息的吞吐、存储和运输。数字化了的视频和音频信号其数量之大是非常惊人的，它给存储器的存储容量、通信干线的信道传输率以及计算机的运行速度都增加了极大的压力。要解决这一问题，单纯用扩大存储器容量、增加通信干线传输率的办法是不现实的。随着网络、有线、无线通信系统的迅猛发展，交互式计算机和交互性电视技术的普遍应用，以及视频、音频数据综合服务等应用的发展趋势，都对计算机多媒体数据压缩编码、解码技术及其遵循的标准提出了更多更高的要求。同时，由于信息的种类也日渐丰富如静态图像、图形、3D模型、音频、视频以及最普遍的多媒体数据等，面对海量的多媒体信息，传统的基于关键词或文本的检索方法已不能满足人们对于多媒体信息获取的需求，对多媒体信息进行组织和建库达到快速、有效地检索，已成为信息时代人们急待解决的问题。多媒体内容描述接口（MPEG-7）正是在这种背景下应运而生的。

2. 现代多媒体技术特点

（1）多样性。该特性是指计算机所能处理的范围从单一传统的数值、文字、静止图像扩展到文本、图形、图像、动画、音频和视频影像等多种信息。

（2）交互性。它是多媒体技术最重要的特性之一，即多媒体与用户有人机对话交互作用，用户可以操纵和控制多媒体信息，能自由获取和使用信息，借助这种人机对话方式沟通和学习，从而达到解决实际问题的目的。

（3）集成性。该特性是指计算机能以多种不同的信息形式综合地表现某个内容。多媒体技术是建立在数字处理的基础上，而将文字、声音、图形、图像、动画、音频和视频等多种媒体形式集于一体的应用，具有多种技术的系统集成性，基本上包含了当今计算机领域内最新的软件与硬件技术。

三、多媒体未来的发展趋势

世界正迈向数字化、网络化、全球一体化的信息时代，信息技术将渗透到人类社会的方方面面，其中网络技术和多媒体技术是促进信息社会全面发展的关键技术。在以互联网为代表的通信网上提供的多种多媒体业务会给信息社会带来深远影响。通过互联网可以同时将多台异地互联的多媒体计算机协同工作，更好地实现信息共享，提高工作效率，这种协同工作环境代表了多媒体应用的发展趋势。

1. 多媒体的网络发展趋势

多媒体技术的发展将使多媒体计算机形成更完善的计算机支撑的协同工作环境，消除空间距离和时间距离的障碍，为人类提供更完善的信息服务。交互的、动态的多媒体技术能够在网络环境创建出更加生动逼真的二维与三维场景。多媒体交互技术的发展趋势是使多媒体技术在模式识别、全息图像、自然语言理解和新传感技术等基础上，利用人的多种感觉通道和动作通道，通过数据手套和跟踪手语信息，提取特定人的面部特征，合成面部动作和表情，以并行和非常精确的方式与计算机系统进行交互。

2. 多媒体技术的部件化、智能化和嵌入化发展趋势

目前随着多媒体计算机硬件体系结构，多媒体计算机的视频音频接口软件不断改进，尤其采用了体系结构设计和软件、算法相结合的方案，使多媒体计算机的性能指标进一步提高，但要满足多媒体的网络化环境要求，还需要对软件做进一步开发和研究，使其具有更高的部件化和智能化。嵌入式多媒体系统可应用在人们生活与工作的各个方面，如工业控制和商业管理领域，以及医疗类电子设备、多媒体手机、掌上计算机等领域。

第四节 熟知多媒体集成工具

在多媒体应用当中，其素材主要是文本、声音、静止图像、动画和视频等种类。在制作的过程中，现存的素材不可能都令人满意，此时就需要对其进行编辑与处理，使其尽量符合需求。那么，需要用哪些工具来对多媒体信息进行处理呢？要创作出多媒体优秀作品又需要哪些工具呢？这正是本节所要介绍的内容。

一、多媒体处理软件

1. 声音处理软件

常见的声音处理软件有以下几种。

（1）Windows 自带的录音机。用户可以执行如下操作启动该软件，在 Windows 系统中依次单击"开始""程序""附件""娱乐""录音机"选项。这个应用程序就像一台录音机，可以将存储的声音文件播放出来，还可以对声音文件进行编辑音效，如回音、混音、插入声音片段等，其最常用的功能就是进行外置录音。

（2）Wave Studio 软件。Wave Studio 运行在 Windows 环境下，具有易于使用的优点，是一种功能强大的应用软件。它具有录音、播放和编辑较高音质（CD 音质）波形数据的能力，配以各种特殊效果的应用，可以增强波形文件的听觉效果，如可以对声音追加反向、回音等效果。

（3）解霸软件包。解霸是北京豪杰计算机技术有限公司开发的超级解霸软件包，其中的音频解霸和 CD 解霸两个应用软件，可以用来对声音进行处理。这两个软件的主要区别是处理的音频来源不同，音频解霸处理的是 VCD 光盘中的音频，而 CD 解霸处理的则是 CD 光盘中的音频，其基本功能大致类似，主要功能有播放光盘中的声音、剪取一段声音、转换声音格式等。

2. 图形图像处理软件

图像是多媒体软件中最重要的信息表现形式之一，它是决定一个多媒体软件视觉效果的关键因素。图像也是信息容量较大的一种信息表达方式，它可以将复杂和抽象的信息非常直观形象地表达出来，有助于用户理解内容、解释观念或现象，是一种常用的媒体元素。运用图像表述事物信息，可根据具体内容，采用客观真实的实物图，这样既可以在最短的时间内传递更多的信息，又可以使界面精致而美观。然而，并不是一切现有图像都能符合人们的需要，因此必须对其进行修改与处理，使其满足人们的需求。图形图像处理软件有很多，下面就介绍几种最为常见的图像处理软件。

（1）Adobe Photoshop 软件。

Photoshop 是一个具有非凡的图像修饰、图像编辑以及彩色绘图功能的软件，是由美国奥比多（Adobe）公司推出的，目前世界上最著名、应用最为广泛的图形图像处理软件之一。它提供了强大的有关图片处理的功能，是进行图像处理、创意设计的常用软件之一。它除了可以用来对图像进行各种编辑处理外，还可以对图像进行修补与修复。图形设计者还可以利用它来创造出许多不同的场景和作品。利用此软件所提供的多种滤镜效果、路径、蒙板与通道菜单，用户可以轻松地给图像追加各种艺术效果。另外，用户还可以执行本软件中的"图像"—"调整"命令，对那些存在曝光不足、亮度不够、严重偏色的图像进行校正。使用此软件处理的图像可以保存的文件格式有 PSD、JPEG、BMP、GIF、PDF 和 PNG 等，其中 PSD 格式是 Photoshop 的标准格式。

Photoshop 作为一种优秀的图形图像处理软件，在平面设计、图像处理、艺术文字、绘画、建筑效果图后期修饰、处理三维贴图等工作领域都有广泛的应用。

（2）Adobe Fireworks 软件。

Fireworks 主要应用于图像处理，可与 Dreamweaver 配合使用，将处理的图像插入到 Dreamweaver 中，其处理后的图像通过切片，可被分成若干个单元图像，以便在网页浏览时快速下载。只要将 Dreamweaver 的默认图像编辑器设为 Fireworks，那么在 Fireworks 里修改的文件将立即在 Dreamweaver 里更新。该软件还可以在同一文本框里改变单个字的颜色。当然，Fireworks 可以引用所有 Photoshop 的滤镜，并且可以直接导入 PSD 格式图片。Fireworks 用于图像处理时，相当于结合了 Photoshop（处理点阵图）与 CorelDRAW（绘制向量图）的功能。而且 Fireworks 还支持网页 16 进制的色彩模式，它可提供安全色盘的使用和转换，能切割图形、影像对应、背景透明，使修改后的图像又小又漂亮，不需要再同时打开 Photoshop 和 CorelDRAW 等各类软件进行切换。

（3）CorelDRAW 软件。

CorelDRAW 图像软件套装是一套屡获殊荣的图形图像编辑软件。CorelDRAW 图像软件套装包含三个主要应用程序：一个用于矢量图及页面设计，一个用于图像编辑，一个用于多媒体矢量动画设计。这套绘图软件组合能带给用户强大的交互式功能，使用户可创作出多种富于动感的特殊效果及点阵图像，通过简单操作就可实现即时效果，使用户处理的图像具有专业效果。通过 CorelDRAW 全方位的设计及网页功能融合到用户现有的设计方案中，可以让用户亲身感受 CorelDRAW 令人难以置信的变通性。CorelDRAW 软件套装更为专业设计师及绘图爱好者提供了大量的插图、设计及图像，让用户可更出色地设计公司标志、简报、彩页、手册、产品包装和网页等。

（4）Adobe Illustrator 软件。

作为一款非常好的图片处理工具，Illustrator 广泛应用于印刷出版、专业插画、多媒体图像处理和互联网页面的制作等，也可为线稿提供较高的精度和控制，适合生产从小型到大型的任何复杂设计项目。Illustrator 提供了一些相当典型的矢量图形工具，诸如三维原型工具、多边形和样条曲线工具等，提供了丰富的像素描绘功能以及顺畅灵活的矢量图编辑功能，能够快速创建设计工作流程。借助 Expression Design，其可以为屏幕、网页或打印产品创建复杂的设计和图形元素。该软件可以支持许多矢量图形处理功能，拥有很多使用者，也经历了时间的考验，Illustrator 的最大特征在于贝赛尔曲线的使用，使得操作简单功能强大的矢量绘图成为可能。它还集成了文字处理、上色等功能，不仅在插图制作，在印刷制品（如广告传单，小册子）设计制作方面也被广泛使用，事实上已经成为桌面出版（DTP）业界的默认软件。

二、多媒体创作软件

1. 视频编辑软件 Adobe Premiere

对多媒体应用系统的开发者来说，将模拟视频信号进行数字化采样后，还应对视频文件进行编辑或加工，然后才能在多媒体应用系统中使用。因此，视频处理是多媒体应用系统创作过程中不可缺少的环节。目前最常用的视频处理软件就是 Adobe Premiere。Adobe Premiere 是美国奥比多公司推出的一种专业化数字视频处理软件，它可以配合多种硬件进行视频捕获和输出，并提供各种精确的视频编辑工具，能产生电视级质量的视频文件，并能为多媒体应用系统增添精彩的创意效果。其基本功能有以下几方面。

（1）将多种媒体数据综合处理为一个视频文件。

（2）具有多种活动图像的特技处理功能。

（3）可以配音或叠加文字和图像。

（4）可以实时采集视频信号，采集精度取决于视频采集卡和计算机的性能，其主要的数据文件格式为 AVI。

2. 多媒体写作工具 Authorware

多媒体写作工具 Authorware 是用来集成、处理和统一管理文本、声音、图像、动画和视频等多种媒体信息的编辑工具。其开发的产品大多数是卡片式结构，用户可以把产品的内容分别以图形、声音、动画、文字、视频等不同类型的媒体对象制作在一张张卡片上，然后再在这些卡片上设定一些能够使它们之间互相联系起来的按钮、菜单等交互方式，把多种媒体组合成一个有机体。在制作过程中，制作者一般无须太多编程操作，只需对多种媒体进行重组，在要用到一些程序时，只需调用，而不再要制作者亲自去编写。Authorware 是由美国 Macromedia 公司（现已被奥比多公司收购）推出的，是当今世界最为流行的多媒体写作工具。此软件采用了面向对象的设计思想，不但极大提高了多媒体系统开发的质量与效率，而且使非专业程序设计人员进行多媒体软件产品开发成为现实。目前该软件在许多企业、学校、软件产业开发和多媒体电子出版社等单位得到广泛应用。其目前已有 2.0、3.0、3.5、4.0、5.0、6.0 和 7.0 等多个版本。

其主要特点如下。

（1）面向对象基于图标的创作方式。Authorware 为用户提供了直观的图标控制界面和"图标流程线"方式的设计方法，利用各种图标的逻辑结构来布局，实现整个应用程序的控制过程，从而取代了复杂的编程过程。

（2）跨平台体系结构。无论在 Windows 或 Macintosh 平台上，Authorware 都提供了几乎完全相同的工作环境，使得 Authorware 成为目前少有的、可以非常方便地在这两种平台间进行移植的多媒体创作工具。

（3）强大的交互方式，丰富的变量函数。Authorware 提供了最为灵活、内容丰富的 11 种人机交互方式，使得 Authorware 更加适合于交互方式的教学系统。此外，Authorware 还提供了 220 多种系统变量和 300 多个系统函数，从而使开发人员在开发多媒体产品时更加得心应手。

（4）高效的多媒体集成环境。通过 Authorware 自身的多媒体管理机制，开发者可以充分利用各种格式的多种媒体信息，如可插入图片、文本、视频、声音和动画等媒体信息。另外，Authonvare 还可对内容库进行管理，使庞大的多媒体数据信息独立于应用程序之外，减少了应用程序所占的空间，提高了效率。

（5）产品可以脱离开发环境运行。Authorware 的产品最终可以完全脱离开发环境而独立运行。这里提供了两种脱离方式，一是常用的将其直接制作成为可在 Windows 下独立运行的可执行文件；二是将其制作成播放文件，利用 Authorware 提供的播放器播放，也可以独立运行。

（6）标准的应用程序接口。对于 Authorware 有特殊要求的用户来说，若要扩展 Authorware 已有的功能，Authorware 为其提供了相应的标准接口，使具有各专业编程知识的开发人员可以更加充分发挥 Authorware 的潜在功能。

（7）结构化程序设计手段。Authorware 提供了专用的组图标。设计者可把流程线上的若干个图标打包为一组，用一个组图标表示，如此可以把整个程序划分为若干模块。同时其还提供了文件调用功能，可控制文件长度、优化程序结构。

（8）强大的超级链接。Authorware 提供了框架和导航图标，实现了强大的超级链接功能。

3.Adobe Flash 软件

Flash 是一种用于制作和编辑动画及电影的软件。用它可以制作出一种扩展名为 .swf 格式的动画文件，这种文件可以插入 HTML 文档中，也可以单独成为网页。此软件不但能够制作出一般的动画，而且可以制作出带有背景声音，具有较强交互性能的电影。其最大的优点是文件所占的空间小，特别有利于在网上传输。目前，该软件已成为网络动画的标准制作软件，是发布网络多媒体的首选动态网页设计工具。它还应用于交互式多媒体软件开发，不但可以在专业级的多媒体制作软件 Authorware 和 Director 中导入使用，而且还可以独立地制作多媒体演示、多媒体教学软件等，该软件代表着多媒体在网上发展的方向之一。

目前，其主要应用领域为网页动画和网络动画广告制作，动画 MTV 制作（主要在网上传输），制作一个具有观赏性和宣传性的网页和多媒体作品（课件、游戏等）等，并且有时也可以用来画图和对图像进行处理。它也是集多种媒体信息为一体的多媒体创作软件之一。

4.3DS MAX 软件

欧特克（Autodesk）公司推出的 3DS MAX 三维动画制作软件，具有非常强大的功能，在影视广告、建筑装潢、机械制造、生化研究、军事科技、医学治疗、教育娱乐、电脑游戏、抽象艺术和事故分析等专业三维动画设计及影视创作方面都有广泛应用。其标准文件格式为.3ds，是集多种媒体信息为一体的三维平面多媒体开发工具。

第二章　多媒体设备

第一节　多媒体个人计算机概念

一般而言，如果一台计算机具备了多媒体的硬件条件和适当的软件系统，那么这台计算机就具备了多媒体功能。具有多媒体功能的计算机有大型计算机系统、中型计算机系统、小型计算机系统和微型计算机系统。其中，人们最为熟识的、使用最广泛的是微型计算机系统。

一、多媒体关键技术

多媒体个人计算机采用了很多高新技术，主要包括以下几项。

（1）数据压缩技术。在多媒体信息中，数字化图片和数字化音频信息的数据量非常大，尤其是要求较高的场合，数据量会更大。在多媒体技术发展的整个历程中，如何有效保存和处理如此大量的数据一直是人们重点研究的课题。为了快速传输数据、提高运算处理速度和节省更多的存储空间，数据压缩就成了关键技术之一。

人们对数据压缩技术的研究和探讨已经有 50 多年的历史，从早期的脉冲编码调制（PCM）技术，到今天被广泛采用的静态图像压缩技术（JPEG）、动态图像压缩技术（MPEG）和电视电话会议图像压缩技术（PX64kbit/s），人们一直在努力研究。近年来，基于知识图谱的编码技术、分形编码技术、小波编码技术等压缩技术也有很好的应用前景。

目前，一些相对成熟的压缩算法和压缩手段已经实现了标准化和模块化，并被制作成软件或写入大规模集成电路中，使用起来极为方便。

（2）集成电路制作技术。解决数据压缩问题的关键，是压缩算法的大量计算问题。计算机在进行繁杂的计算时，将会占用中央处理器的全部资源，因此需要使用中型计算机或大型计算机才能完成。而集成电路制作技术的发展，使具有强大数据压缩运算功能的专用大规模集成电路问世。这种集成电路能够以一条指令完成以往需要多条指令才能完成的处理，为多媒体技术的进一步发展创造了有利条件。

（3）存储技术。一方面，多媒体信息的保存依赖数据压缩技术；另一方面，则要仰仗存储技术。存储设备的变革一直没有停滞，人们先后使用的存储介质和设备有纸带穿孔、磁心、磁带、磁盘、光盘、磁光盘等。随着多媒体技术的发展，光盘存储技术也逐步走向成熟，光盘存储器也从单一的 CD-ROM 存储器发展到 MO、CD-R、CD-RW、DVD-R、DVD-RW 存储器等。激光存储技术的进步，使多媒体信息的保存问题得到解决。与此同时，低成本、大容量的存储介质也对多媒体技术的发展起到了促进作用。

（4）操作系统软件技术。要具备多媒体数据的处理能力，就必须有优良的操作系统。操作系统的工作模式必须是实时、多任务的，这样才能处理声音、动态图像等实时信息。其中，操作系统在处理声音信号时，以 86KB/s 的速率进行实时处理；而在处理动态图像信号时，则以 25 帧/s 或 30 帧/s 的速率进行实时处理。目前广泛使用的中文版 Windows 系统就是这样的操作系统。该系统运行稳定、支持多媒体的各项功能，并且还在不断完善。

二、什么是 MPC

MPC 是 Multimedia Personal Computer 的缩写，意思是多媒体个人计算机。MPC 不仅含有多媒体个人计算机之意，而且还代表多媒体个人计算机的工业标准。因此，严格地说，多媒体个人计算机是指符合 MPC 标准的、具有多媒体功能的个人计算机。

MPC 工业标准始于 1990 年 11 月，是由美国微软公司和一些计算机技术公司组成的多媒体个人计算机市场协会为个人计算机的多媒体技术进行规范化管理而制定的相应标准，该协会后来与全球数千家计算机厂商共同组建了多媒体个人计算机工作组。

MPC 标准的具体内容包括。

（1）对个人计算机增加多媒体功能所需的软硬件进行最低标准的规范。

（2）规定多媒体个人计算机硬件设备和操作系统等的量化指标。

（3）制定高于 MPC 标准的计算机部件的升级规范。

（4）确定 MPC 的三级标准。

① MPCLevel1——多媒体个人计算机 1 级标准，标记为 MPC1。

② MPCLevel2——多媒体个人计算机 2 级标准，标记为 MPC2。

③ MPCLevel3——多媒体个人计算机 3 级标准，标记为 MPC3。

计算机制造商在生产销售符合 MPC 标准的软硬件时，通常把写有

MPC1、MPC2 或 MPC3 字样的标签贴在设备或软件包装上，以此标明符合 MPC 标准。

三、MPC 的基本结构

在 20 世纪 80 年代末期，CD-ROM 激光存储器、数据压缩技术、大规模集成电路制作技术以及实时多任务系统取得突破性的进展，多媒体技术随之进入实用性阶段。以后经过多年的研究与发展，形成了现在的 MPC。

MPC 的输入端，可接入音频信号、视频信号，并能够连接提供该两种信号的设备，如 CD-ROM、激光视盘、录像机等；MPC 的输出端，可连接各种通信网络、视频设备、音频设备以及 CD-ROM 等。

所有媒体的输入输出都有其技术保证，它来自计算机中安装的视频适配卡、音频适配卡、图形卡等适配卡，以及相应的支持软件和多媒体软件系统。

随着多媒体技术的发展，MPC 能够处理的媒体种类也在不断增加，处理手段和方法也在不断更新。在输入信号方面，出现了很多新的形式，如语音输入、手写输入、文字自动识别输入等；在输出方面，有语音输出、影像实时输出、投影输出、网络数据输出等。

四、MPC 对环境的考虑

1. 对总线结构的考虑

多媒体个人计算机有两种总线形式，即 VL 总线和 PCI 总线。它们有共同之处，也有区别。其共同点有以下两点。

（1）VL 总线和 PCI 总线均采用 32bit 传输数据。

（2）VL 总线和 PCI 总线均支持现存的 ISA 外围设备。

VL 总线和 PCI 总线的区别有以下四方面。

（1）在结构上，VL 总线是 CPU 内局部总线的延伸，而 PCI 总线则由控制器和加速芯片构成，形成 CPU 以外的管理层，与 CPU 相对独立。

（2）与 VL 总线相比，PCI 总线可支持几种数据的加速传输。其原理是 PCI 总线在处理顺序结构的数据时，可在读取当前数据的同时，确定下一个数据的地址。而在读取非顺序结构的数据时，其仍采用先寻址后读出的模式。这样，既节省了时间，又提高了传输速率。

（3）PCI 总线可以经多路开关分路传输顺序数据，使数据通过率成倍增加。

（4）由于 PCI 总线与 CPU 内部总线分离，因此其支持的外围设备可增加至 6 个。

鉴于 PCI 总线形式在数据传输方面和设备支持方面的优势，多媒体计算机应优先考虑采用 PCI 总线形式的主机板和插卡。

2. 对硬件的考虑

硬件环境是决定 MPC 性能的重要因素，应从以下几方面考虑。

（1）显示适配器（图形显示卡）应采用数据传输速率高的 PCI 形式。图形加速卡则更有利于复杂模式的图形显示，如 3D 效果、视频显示效果等。图形显示卡上带有缓冲存储器，该存储器的容量对视窗系统的显示属性（颜色数量和画面分辨率）和图像显示质量有直接影响。早期图形显示的缓存容量低，使可显示的颜色数量和画面分辨率受到制约，今天的显示卡缓存容量非常高，显示图像精细、速度快。

（2）内存储器的容量要足够大，并且要求存取速度快、操作可靠。这是因为多媒体信息的数据量大，加工与制作时，数据读写频繁，内存储器的使用频率非常高。若干年前，一般个人计算机的内存储器容量是 64MB 或 128MB，256MB 的内存储器容量已经非同小可。现在，一台多媒体个人计算机的存储器容量起码是 500GB，1TB 或更高容量也不足为奇。目前采用大容量内存储器的主要原因有二：其一，多媒体制作的需要；其二，内存储器价格可以接受。

（3）硬盘存储器要满足多媒体制作对容量的需求，大容量、高转速、低噪声、价格适中的硬盘存储器是非常必要的。各种多媒体数据、软件系统程序、素材等都需要保存在硬盘存储器中。以往的硬盘存储器容量在 40～80GB，为了保存原始图像、视频以及音频等占有大量数据的文件，存储空间应增加到 120～180GB。

（4）计算机应具备扩展能力，即主机板的扩展插槽要多。为了具备更多的扩展功能，如连接数字化仪器、扫描仪、声音合成器、手写识别装置、通信网络等，往往需要在主机板的扩展插槽内插入相应的功能模块，若插槽数量不够，则会限制功能的扩展。

五、MPC 的主要特征

MPC 的主要特征，一般归纳为以下几点。

（1）具有激光驱动器 CD-ROM。CD-ROM 是多媒体技术的基础，也是最经济、最实用的数据载体。

（2）输入手段丰富。多媒体计算机应具备多种用于输入各种媒体内容的手段。除了常用的键盘和鼠标以外，一般还要具备扫描输入、手写输入和文字识别输入等设备。

（3）输出种类多、质量高。多媒体计算机可通过多种形式输出多媒体信息，例如音频输出、投影输出、视频输出以及帧频输出等。

（4）显示质量高。由于多媒体计算机通常配备先进的高性能图形显示卡和质量优良的显示器，因此图像的显示质量比较高。高质量的显示品质为图像、视频信号、多种媒体的加工和处理提供了不失真的参照基准。

（5）具有丰富的软件资源。多媒体计算机的软件资源必须非常丰富，才能满足多媒体素材的处理及其程序的编制需求。大致包含以下几个方面。

①多媒体设备驱动程序。多媒体设备驱动程序是直接和多媒体硬件设备配合的软件，在启动操作系统时，多媒体设备驱动程序把设备的状态、型号、工作模式等信息提供给操作系统，并驻留在内存储器，供系统调用。

②操作系统。操作系统是一个实时多任务的软件系统，如 Windows 系统。操作系统是多媒体计算机的控制中枢，控制所有设备和软件的协调动作、处理输入输出方式和信息、提供软件维护工具等。

③媒体制作软件。这是一个庞大的家族，常见的媒体制作软件分为以下三大类，第一类，平面图像处理软件，主要进行平面图像的加工与处理；第二类，活动图像制作软件，主要进行视频信号的处理、动画制作与加工、活动影像的合成等；第三类，音频处理软件，主要对音乐进行模数转换、数字音频信号的处理与合成、声音还原等。

④多媒体平台软件。多媒体平台软件是一种大型的软件系统，用于多媒体素材的组合与处理、控制手段的实施、交互功能的实现、输入输出控制、界面生成等。多媒体平台软件有专用软件，也有附带多媒体控制功能的高级算法语言。

⑤工具软件。工具软件种类繁多，主要用于加工和处理数据。例如，用于压缩/解压缩数据的软件、用于文件格式转换的工具软件、用于文件加密的工具软件等。

⑥应用软件。应用软件包括 Windows 系统提供的多媒体软件、动画播放软件、声音播放软件、光盘刻录软件等。

六、MPC 的数据处理模式

1. 图像处理模式

多媒体计算机对图像的处理包括：

①通过扫描仪扫描、数码照相机拍摄、软件绘图等方式，获取数字化图像。
②利用图像处理软件对图像进行各种编辑和处理。
③进行图像文件的格式转换。
④保存与管理图像文件。

2. 动画处理模式

动画与视频信号是活动的图像，多媒体计算机通过动画制作软件和视频处理软件对动画与视频信号进行加工和处理。

计算机动画分矢量动画和帧动画两种类型。矢量动画经过运算，可在单一画面中，改变主体的几何形状、运动轨迹、显示颜色等，形成变化的视觉效果；帧动画则类似传统动画的模式，采用多幅画面构成，每幅画面中，主体的形状、大小、颜色和位置都有所不同，当连续观看画面时，由于人类视觉的滞留效应而产生动感。

动画的播放可使用媒体播放器进行，若遇到媒体播放器不支持的视频或动画，可另外安装专门的软件进行播放。

3. 声音处理模式

多媒体计算机对声音的处理包括以下内容。

（1）获取数字化声音。获取数字化声音的途径很多，例如对音乐激光盘的音轨信号进行采样，进而转换成数字声音；将收音机、话筒以及一切声源信号接入多媒体计算机的声音适配卡，利用软件进行录音，也可得到数字化声音。

（2）声音转换文字。利用软件对语音进行识别并转换成文字，可代替文字输入。

（3）利用MIDI技术（MIDI乐器数字接口），使用MIDI键盘进行作曲，并可加工、处理和播放MIDI音乐文件，或控制MIDI乐器进行演奏。

（4）使用声音处理软件，对数字化声音进行多种形式的处理，例如渐强与渐弱处理、静音处理、声音片段的剪辑与合成、音调处理、音色处理、特殊音效处理等。

（5）声音还原。数字化声音经过加工和处理，由声音适配卡的音频线路输出端输出，再经音频放大器进行功率放大，通过扬声器发出声音。

4. 数据存储模式

由于多媒体数据量大，存储问题比较突出，所以必须寻求存储容量大、速度快、经济的存储介质。但理想的存储介质只能是在三者之间取得最佳平衡点的介质。适合的介质主要有以下四种。

（1）硬盘存储器。硬盘存储器的优点是速度快、容量大、单位数据的存储成本较低，常见容量在 120～320GB。对于图像文件、动画文件和声音文件众多的多媒体系统，硬盘存储器是最理想的开发场地。

（2）光盘存储器。光盘存储器由光盘驱动器和光盘组成。光盘容量大、便于携带、价格低廉，是比较理想的存储介质。一片 CD-R 光盘的标准容量是 650MB，价格 1 元左右。还有容量更大的光盘，如 4.7GB 的 DVD-R 光盘等。兼具读和写的光盘有 CD-RW 盘片、DVD-RW 盘片、MQ 盘片等。

（3）硬盘移动存储器。这是一种采用 USB 接口，方便携带的硬盘存储器，容量通常在 40～180GB。移动硬盘适用于大量数据的随时存储和转移，如网络电影、音乐、数码照片的存储等。

（4）半导体固态存储器。这是一种新型半导体大容量存储器，可替代硬盘存储器，又名"闪存硬盘"。此类存储器无噪声，无机械动作，数据高速存取可靠，发展十分迅速。

5. 数据共享模式

多媒体数据不仅可以存储，而且还可以通过以下几种途径进行信息传递。
①使用可移动的存储设备，例如外置硬盘、U 盘、光盘等。
②通过网络进行数据传输，例如国际互联网、局域网、远程网等。
③把若干台计算机的串行通信接口连接起来，实现在机器间互相传递数据。

数据的互相传递，使多媒体信息得到共享，为多方协作开发多媒体产品提供了便利的条件，也使异地开发和分段开发多媒体产品成为可能。

七、MPC 的硬件标准

在多媒体技术发展的早期和中期，多媒体计算机的硬件性能和参数有严格的工业标准，以使多媒体计算机保持良好的兼容性与一致性，这就是 MPC 标准。该标准分为 MPC1、MPC2、MPC3 三级。

1. MPC1 标准

MPC1 标准公布于 1991 年，由多媒体个人计算机市场协会提出。全球计算机业界共同遵守该标准所规定的各项内容，促进了 MPC 的标准化和生产销售，使多媒体个人计算机成为一种新的流行趋势。

今天，MPC1 标准尽管已经过时，但是它作为多媒体个人计算机的第一个标准，具有划时代的意义，它使全球多媒体个人计算机走上有秩序的发展轨道，为多媒体技术发展奠定了坚实的基础。

2.MPC2 标准

1993年5月，MPC2标准由多媒体个人计算机市场协会公布。该标准根据硬件和软件的迅猛发展状况进行了较大调整和修改，尤其对声音、图像、视频和动画的播放，以及 Photo-CD 做了新的规定。

MPC2标准一经公布，尽管将推荐配置的内容留出较大余地，但由于计算机多媒体技术的发展非常迅速，某些内容很快就过时了。然而，由于MPC2标准比较全面地规范了多媒体技术所涉及的多种软件和硬件指标，因此现在只要提及 MPC 的原始标准，通常都是指 MPC2 标准。

3.MPC3 标准

1995年6月，MPC3标准由多媒体个人计算机工作组公布。该标准为适合多媒体个人计算机的发展，进一步提高了软件、硬件的技术指标。更为重要的是，MPC3标准制定了视频压缩技术 MPEG 的技术指标，使视频播放技术更加成熟和规范化，并且指定了采用全屏幕播放和使用软件进行视频数据解压缩等项技术标准。

在 MPC3 标准实行的时期，Windows95 操作系统问世，视频、音频压缩技术日趋成熟，高速奔腾系列 CPU 开始武装个人计算机，个人计算机市场已经占据主导地位，多媒体技术得到了蓬勃发展。目前，新型多媒体计算机的标准已经远远高于 MPC3 标准，硬件的种类也大大增加，软件更是发展迅速，功能更为强大。某些硬件的功能已经由软件取代，硬件和软件的界限已经模糊不清。

第二节 多媒体个人计算机设备

多媒体计算机的硬件设备很多，但有些设备是必不可少的，这就是基本硬件设备。基本硬件设备包括各种类型的激光存储器、显示适配器、显示器、声音适配器与声音还原设备。

一、CD-ROM 激光存储器

CD-ROM 是光盘只读存储器，由于其价廉、容量大、便于携带，而备受人们的青睐。CD-ROM 在多媒体技术方面为文字、声音、图像、视频信息和动画的数据存储提供了有利条件。

1.CD-ROM 的性质

（1）CD-ROM 是只读光盘。光盘中的信息采用专用设备一次性装入，随后可在多媒体计算机上无数次地读取信息。

（2）CD-ROM 的片基采用聚碳酸酯板制成。这种材料强度高、耐冲击、不易龟裂变形。在其表面采用特殊工艺附着一层铝反射层，用于记录数据。

（3）CD-ROM 采用光学存储原理。激光束照射到光盘铝反射层的微小区域，使局部烧出凹坑，有、无凹坑代表了二进制信息的两种状态，从而把数据记录在光盘上。

2.CD-ROM 与 CD-DA 标准

CD-DA 标准由荷兰飞利浦（PHILIPS）公司和日本索尼（SONY）公司共同提出，后来 CD-ROM 问世，继续沿用并发展了 CD-DA 标准。CD-DA 标准的主要内容有以下三点。

（1）容量标准。单片光盘的容量为 74min 数字音乐，该数字音乐的采样频率为 44.1kHz，16bit 立体声。如果 CD 盘用于存储数据，最多可存储的数据量为

$74 \times 60s \times 44100 \times 2$（双声道）$\times 2$（数据基本单位）$=783216000B$

按照 1MB=1024KB，1KB=1024B 计算，其存储数据量约为 746.9MB。

（2）数据存储格式。光盘以扇区为存储单位，1s 的信息占据 75 个扇区。每个扇区所容纳的最大数据量为

$44100 \div 75 \times 2$（双声道）$\times 2$（数据基本单位）$=2352B$。

一片 CD 光盘上的最大扇区数是 $74 \times 60s \times 75=333000$。

（3）数据传输速率。光盘每秒传输 75 个扇区的信息，每个扇区的最大数据量是 2352B，则光盘的数据传输速率为 $75 \times 2352B=176400B/s$。

3.CD-ROM 标准

1986 年 5 月，荷兰飞利浦公司和日本索尼公司共同制定了 CD-ROM 标准，并于 1988 年 4 月由国际标准化组织（ISO）正式公布，命名为《ISO9660 标准》。该标准的大致内容如下。

（1）规定了 CD-ROM 的扇区格式。CD-ROM 共有 3 种扇区格式，即 Mode0、Mode1、Mode2。3 种扇区格式的结构不同，纠错能力也不同。

（2）确定了 CD-ROM 的基本数据传输速率。该基本数据传输速率的计算方式为每个扇区 2048B，共有 75 个扇区，则数据传输速率为 $75 \times 2048B=153600B/s$，折合为 150KB/s。现在的 24 倍速光驱、50 倍速光驱就是以最初的 150KB/s 为基本计量单位而称谓的，书面表达为 CD-ROM.24×（24 倍速光驱）、CD-ROM.50×（50 倍速光驱）。

4. CD-I 标准

CD-I 是交互式标准，是荷兰飞利浦公司和日本索尼公司为家用电器使用 CD-ROM 而制定的标准。由于此标准的设备功能单一、价格昂贵、流行时间短暂，因此很快过渡到新一代的 CD-ROMXA 标准。

5. CD-ROMXA 标准

CD-ROMXA 是面向计算机的标准。荷兰飞利浦公司和日本索尼公司制定的 CD-ROMXA 是 CD-ROM 扩展结构标准，其突出特点是把原先声音、图像、文字等不同类别的信息各自存放在不同轨道的标准发展成记录在同一条轨道。

6. VideoCD 标准

VideoCD 标准是图像数据压缩标准，使用 MPEG-1 数据压缩技术，把 74min 的视频信息和声音同时记录在轨道上，这就是人们熟知的 VCD 标准。VCD 标准有 1.0 版本和 2.0 版本。VCD2.0 版本在技术上没有大的突破，只是增加了简单的交互性功能，静止画面可放大显示，并可通过简单菜单选择播放次序。

由于 VCD 标准画面质量不高、数据存储密度不大，因而在多媒体视频技术的发展过程中只是一个过渡，已经逐渐被更新的 DVI 技术所取代。

7. Photo CD 标准

Photo CD 标准是柯达（Kodak）公司为使用光盘记录数字化照片而制定的标准。该标准具有如下特点。

（1）用于数字化照片的保存。

（2）照片的显示分辨率非常高。

（3）可多次追加写入数字照片，但不能删除。

8. DVD 标准

1995 年 12 月，利用 MPEG-2 数据压缩技术的 DVD（Digital Versatile Disc）标准诞生。使用 DVD 标准的激光盘可容纳 133～488min 的影片，如果用于记录数据，可保存 4.7～17GB 的数据。如此大容量的激光盘无疑为多媒体的保存提供了更为理想的介质。DVD 标准向下兼容，可以读取 VCD 标准的光盘数据，但 VCD 标准的设备不能使用 DVD 标准的光盘。

二、显示适配器与显示器

显示适配器与显示器是多媒体计算机的重要设备，也是最基本的设备。

显示适配器与显示器的性能好坏、质量优劣,会影响用户对信息的理解和把握,从而影响操作的准确性,这一点在图像处理和动画制作时显得格外突出。

1. 显示适配器

显示适配器简称显示卡,插在主机板的扩展插槽上,其输出通过电缆与显示器相连。显示卡有两种安装形式,一种是独立的显示卡;另一种是把显示卡集成在主机板上的"二合一"产品,目的是为了降低成本、缩小体积、简化安装。

(1)显示卡的组成。显示卡由以下四部分组成。

① ROMBIOS——固化在存储器芯片中的只读驱动程序,显示卡的特征参数、基本操作等均保存在其中。

② RAM——显示缓冲存储器,其容量大小决定了显示颜色数量的多少和分辨率的高低。

③控制电路——控制显示状态、进行显示指令的处理等。

④信号输出端子——将显示信息和控制信号送至显示器。该信号有模拟、数字之分,目前的主流显示卡都具有这两种信号方式。

(2)显示卡的模式。显示卡按照图形显示模式可分为 VL 模式、PCI 模式和 AGP 模式三种。其中,VL 模式和 PCI 模式的图形显示速度比早期的显示卡快得多,而 AGP 模式的图形显示速度则更快。一般的 AGP 显示卡均带有图形加速器,可对图形显示进行优化计算。

(3)显示卡的种类。显示卡通常按照功能进行分类,主要有以下几类。

①普通显示卡——完成显示基本功能,显示性能的优劣主要由品牌、工艺质量、缓冲存储器容量等因素确定。

② 3D 图形卡——专为带有 3D 图形的高档游戏开发的显示卡,三维坐标变换速度快,图形动态显示反应灵敏、清晰。

③显示/TV 集成卡——在显示卡上集成了 TV(电视)高频头和视频处理电路,使用该显示卡既可显示正常多媒体信息,又可收看电视节目。

④显示/视频输出集成卡——在显示卡上集成了视频处理部件,把正常信号送至显示器,视频信号送到视频输出端子,供电视和录像机接收、录制和播放。

2. 显示器

显示器主要用于显示计算机主机送出的各种信息,是人类与计算机沟通的主要媒介。按照结构原理分,显示器主要有传统的 CRT 显示器和新型的 LCD 显示器两种。

（1）CRT（阴极射线管）显示器。

CRT 显示器采用的阴极射线管就是人们常说的显像管。这种显示器体积较大，品种繁多，是人们常见的显示器。

1）显示屏结构的变迁。CRT 显示器用于显示的外表面受到制造工艺条件的制约，经历了以下几个阶段。

①球面——早期的形式。球面上的显示信息变形严重，只有在正前方观看才可减少变形。

②柱面——横向呈弧形、纵向呈平面的形式。左右观看仍有变形，俯仰观看变形消失。

③物理纯平——显示屏的内外表面均呈平面的形式，又称平面直角形式。物理纯平是指显像管内外部达到真正的完全平面，视角达 180°，使用者不用转动头部，用眼睛余光就可看到整个屏幕。由于内表面是平面，电子束到达各点的距离不等，光线发生折射的程度不等，因而正面观看有内凹感。

④视觉纯平——显示屏的外表面呈平面，内表面呈弧线的形式。显像管的曲面内壁使电子束到达屏幕各点的距离接近一致，补偿了光线折射效应，使影像的内凹感消失。另外，此类屏幕采用先进的电子枪和聚焦技术，使屏幕边缘的聚焦得到改善，视觉上呈现真正的平面，达到了所谓的"视觉纯平"效果。

除了显示屏结构的差异，在显示器的发展过程中，色彩还原、亮度调节、控制方式、扫描速度、清晰度以及外观等方面都得到了发展，使其更趋完善和成熟。

2）彩色显示器原理。彩色显示器由阴极射线管 CRT 和控制电路组成。阴极射线管用于显示，其中有电子枪、阴罩以及荧光体等，并且控制电路控制着阴极射线管中电子枪的扫描和相关动作。

三枪三束 CRT 有三个独立的电子枪，分别透过阴罩向荧光体发射电子束。阴罩上有很多小孔，每个小孔对应一个像点，三束电子束穿过小孔照射到荧光体上。荧光体按照电子枪的排列形状，分别涂有红、绿、蓝荧光物质，每个电子束对应一种颜色。当穿过阴罩小孔的三束电子束强度各自发生变化时，小孔后面的三色荧光物质将产生不同强度的光线。由于三色荧光点很小，间距又很密，因此人们在小孔后面的区域中看到的是三合色，这就是显示器最基本的显示单元——像点。

三枪三束 CRT 的技术关键是阴罩，阴罩的技术特点有以下三方面。

①阴罩上布满圆孔，孔径小而多，加工精度高，以确保电子束准确地照射到对应的荧光体上。

②阴罩随温度变化而发生的形变要小。这是因为阴罩在发生形变时，孔径和间距会发生改变，使电子束不能准确照射到对应位置上，从而产生显示质量下降、聚焦不准等不良现象。

③阴罩厚度要薄，表面要平滑，刚性要好。若过厚、表面不平会造成阴罩振动使电子束穿过阴罩时受到干扰，不能准确聚焦。

单枪三束 CRT 是比较先进的电子扫描技术，其图像的亮度、色彩和聚焦均可达到很高的水平。CRT 中的电子枪呈水平排列，使其发射的电子束能透过纵向格栅照射到荧光物质表面。这里的纵向格栅代替了三枪三束 CRT 中的阴罩，由于增加了电子束透过率，因此提高了亮度和对比度。

采用单枪三束 CRT 电子扫描技术，显示器的格栅间距最小可达 0.24mm，加之其采用了多透镜聚焦技术，使显示器的清晰度大幅度提高，屏幕焦角的聚焦得到了改善。

格栅是单枪三束 CRT 的技术关键，均匀、精确的纵向缝隙，保证了电子束的通过率。

该技术丰富了色彩的层次感，提高了亮度和对比度。格栅还能有效地抑制光扰动，避免"云纹"和屏幕抖动，从而提高了显示品质，减轻眼睛疲劳。

3）屏幕尺寸。屏幕尺寸是指显像管尺寸、可视尺寸和光栅尺寸。其中，显像管尺寸是指显像管正面对角线的长度，一般以英寸（in，1 英寸≈2.54 厘米）为单位；可视尺寸指的是显示器可显示区域对角线的长度，该尺寸小于显像管尺寸，一般以毫米（mm）为单位；光栅尺寸是指显像管最大扫描区域的尺寸，用横向数值和纵向数值分别表示区域的大小。

4）点距。显示器上最小的发光单位是像点，像点是电子束穿过荧光屏内侧钢板上的阴罩孔激发荧光物质而形成的，同色像点之间的距离称为点距，单位为 mm。点距是衡量显示器质量好坏的重要指标之一，其数值越小，清晰度越高，显示器质量越好，但制造技术难度越大。

5）扫描频率。显示器的显示器件是显像管，显像管在工作时，电子束按顺序高速扫描整个屏幕，使人们看到近似连续的显示信息。就理论而言，扫描频率越高，显示质量越好，图像越稳定。

描频率有水平扫描频率和垂直刷新频率之分。水平扫描频率是指电子束逐点横向扫描的频率，以 kHz 为计量单位。例如，某台显示器的水平扫描频率是 85kHz，那么该显示器 1s 横向扫描了 85000 个像点。垂直刷新频率是指整个屏幕重写的频率，单位为 Hz。如果该频率过低，显示屏会闪烁，使眼睛很容易疲劳。

垂直刷新频率受显示分辨率制约，显示分辨率越高，则垂直刷新频率越低。若在高显示分辨率下能保持很高的垂直刷新频率,那么就可获得很好的显示效果。

(2) LCD(液晶)显示器。

LCD显示器以液晶作为显示元件,可视面积大,外壳薄,节能。目前,液晶显示器有两种类型,一种采用TN技术,亮度稍暗,色彩稍差,属于传统类型;另一种采用新型TFT技术,该技术把薄膜晶体管(TFT)作为显示元件,使显示器示亮度、色彩和视角远好于采用TN技术的液晶显示器。近来由于低温多晶硅技术得到了发展,使得显示器的色彩更加艳丽,辐射更低,并进一步降低了产品的价格。

LCD屏幕的长宽比例有两种主流形式,一种采用传统的黄金分割比例的屏幕,也称作标准屏幕;另一种是宽度明显超过高度的屏幕。

由于宽屏显示器采用了更为舒适的显示比例,观看主流的宽银幕电影具有最佳效果,因此得到了人们的青睐,在市场上占有很大的比例。这种液晶宽屏显示器不仅在台式机上被广泛地使用,而且还被用于大多数品牌的笔记本电脑,甚至家用电视上。

3. 显示分辨率

显示分辨率以像素点为基本单位。通常有 1024×768、1152×864、1280×1024、1600×1200 等规格。其中前一数字是横向像素点总数,后面的数字是纵向像素点总数。显示分辨率与显示适配器上缓冲存储器的容量有关,容量越大,显示分辨率越高。如果显示器已经具备了高分辨率显示能力,其最大分辨率就完全取决于显示适配器的缓冲存储器容量。

4. 颜色数量

颜色数量是指显示器同屏显示的颜色数量,它主要由显示适配器决定。当显示适配器上的缓冲存储器容量足够大时,其显示的颜色数也足够多。另外,颜色数量的多寡与显示分辨率有关。在显示适配器上的缓冲存储器容量固定不变的前提下,显示分辨率越高,颜色数量越少。颜色数量可以直接表示,如2.56色,也可以表示成8bit颜色,即 2^8($2^8=256$)颜色。

5. 显示器的环保概念

在衡量显示器的性能时,显示器是否符合环保标准,已经是当前人们普遍关注的问题。所谓"环保",是指显示器应具有防辐射、省电、不产生有害物质、防火等特点。

"能源之星"标准(Energy Star)和MPR-Ⅱ是常见的环保标准。该类标准对显示器电源管理、辐射强度等做了规定。但随着人们健康概念的强化,更为严格的 TCO 标准已用于显示器。到目前为止，TCO 标准包括 TCO'92、TCO'95 和 TCO'99。

TCO'92 标准致力于降低电磁辐射、节省电力、防火、防电，并对显示器的交流电场进行限制，但对显示器制作材料是否对环境有害未作规定。

TCO'95 标准在 TCO'92 和 MPR-Ⅱ 的基础上，提出了具体的环保要求，并对显示器零部件的再生利用、显示器的设计是否符合人体工程学等项内容作了具体的规定。

TCO'99 标准发展了 TCO'95 标准，对显示器的要求更为严格。其宗旨是最大限度保持舒适度、保护健康和保护环境。该标准在对键盘以及便携式计算机的设计提出了具体意见的同时，在其他方面也制定了具体的规定。

三、声音适配器与声音还原

声音适配器又称声频片、声卡，主要用于处理声音，是多媒体计算机的基本配置。但有些主机板上集成了声卡的功能，声卡不单独存在。与单独的声卡相比，集成在主机板上的"声卡"不论从抗干扰能力上，还是从声音处理效果和功能种类上，都略逊一筹。

1. 声卡的基本功能

声卡的基本功能有以下五个方面。

（1）进行模/数（A/D）转换——将作为模拟量的自然声音或保存在介质中的声音经过变换，转化成数字化的声音，这就是模/数转换。经过模/数转换的数字化声音以文件形式保存在计算机中，可以利用声音处理软件对其进行加工和处理。

（2）完成数/模（D/A）转换——把数字化声音转换成作为模拟量的自然声音，这就是所谓数/模转换。转换后的声音通过声卡的输出端，送到声音还原设备，如耳机、有源音箱、音响放大器等，就可以聆听到声音了。

（3）实时、动态地处理数字化声音信号——利用声卡上的数字信号处理器（DSP）对数字化声音进行处理，可减轻 CPU 的负担。该处理器可以通过编程来完成高质量声音的处理，并可加快音频处理速度。该处理器还可用于音乐合成、制作特殊的数字音响效果等。

（4）立体声合成——经过数/模转换的数字化声音依然保持原有的声道模式，即立体声双声道（STEREO）模式或单声道（MONO）模式，声卡具备两种模式的合成运算功能，并可将两种模式互相变换。

（5）输入、输出——利用声卡的输入端子和输出端子，可以将模拟信号引入声卡，然后转换成数字信号；还可以将数字信号转换成模拟信号送到输出端子，驱动音响设备发出声音。

2. 声卡的结构原理

声卡由数据总线驱动器、总线接口、控制器、数字声音处理器、混合信号处理器、接口电路以及多个音乐合成器等部件构成。

声卡的音频输入端口通常有3个，用于输入模拟信号，具体内容如下。

（1）话筒输入（MIC）端口——立体声（STEREO）端口，通常采用3.5mm立体声插座，可连接带有偏置电路的电容话筒或动圈话筒，输入灵敏度为1mV左右。

（2）线路输入（LINE IN）端口——立体声（STEREO）端口，通常采用3.5mm立体声插座，可连接各种声源，例如收音机、电话、录音机、电视机、VCD机、CD唱机等，输入灵敏度在500～1000mV。不过，某些低端的声卡没有此端口。

（3）CD-ROM输入端口——这是专用端口，位于声卡电路板上，而不在声卡挡板上。该端口一般采用四线插座，左声道和右声道各有两条线。此端口与CD-ROM的音频输出端相连，CD-ROM在播放音乐CD时，就能通过声卡发出声音，并能控制CD-ROM的播放动作。

声卡输出端口通常有4个，用于音频模拟信号的输出，具体介绍如下。

（1）线路输出（LINE OUT）端口——立体声（STEREO）端口。音频信号通过此端口传送到音频放大器或有源音箱的信号输入端。此端口的信号强度在500～1000mV，音质好，通常用于音质要求较高的场合，但由于功率小，不能直接带动音箱发声。

（2）喇叭（SPEAKER）输出端口——立体声（STEREO）端口。此端口输出的音频信号经过声卡上的功率放大器放大，能够直接带动耳机或功率较小的音箱。如果音箱或声音还原设备的阻抗小于喇叭输出端口要求的阻抗，则极易烧毁声卡。

（3）MIDI乐器端口——可连接支持MIDI的键盘乐器。

（4）游戏操纵杆端口——可连接各种类型的游戏操纵杆或者游戏控制设备。

3. 声音还原设备

所有的声音还原设备均使用音频模拟信号，把这些设备与声卡的线路输出端口或喇叭输出端口进行正确的连接，即可播放计算机中的声音。声音还原设备包括以下几种。

（1）耳机——阻抗为8、16、32的立体声耳机。

（2）小型分立式扬声器——一种自带电源和音频放大器的小型音箱，通常是多媒体计算机的配套设备。

（3）内置扬声器——一种带有小型分立式扬声器的多媒体计算机，其采用将扬声器放在计算机设备内部或放置在主机箱中的方式。计算机设备内部的电子器件密集，为防止互相干扰，内置扬声器一般采用电磁屏蔽设计。受到计算机内部空间的限制，内置扬声器的体积小，高音清脆、中音透明度不够、低音不足。其优点是不占多余的空间，没有与声卡的阻抗匹配问题。

（4）外挂扬声器——外挂扬声器的体积比内置扬声器略大，音质也较好。外挂扬声器通常挂在显示器的两侧，形似显示器的耳朵。

就外形而言，外挂扬声器有扁平形、箱形、圆形、艺术形等多种形状，但其体积和重量都不太大。

就功能而言，外挂扬声器分无源音箱和有源音箱两大类。无源音箱直接和声卡的喇叭输出端口相连接，其特点是连接简单、重量轻、输出功率较小；有源音箱带有功率放大器和声卡的线路输出端口相连接，特点是输出功率较大、连接线较多，并有一定的重量。

（5）独立的扬声器系统——用户要想获得高品质的音响效果，应有一套独立的扬声器系统。该系统包括音响放大器、专业音箱和专用音频连接线。就功能配置而言，扬声器系统有普通立体声系统、高保真立体声系统、临场感立体声系统、环绕立体声系统等。

普通立体声系统一般配置两个音箱，分别放置在聆听位置前端的两侧，以满足一般多媒体制作的需要。

高保真立体声系统通常配置两个以上的音箱，每个音箱均注重高音、中音、低音的质量和响度平衡，并注重声像重现的位置。目前，多媒体计算机可配置被称为"5.1环绕立体声"的系统，该系统要求声卡和相应的驱动软件支持"5.1环绕立体声"。

第三节 存储设备

存储设备是多媒体技术的有力保障，其容量大、速度高、性能可靠、成本低廉是存储设备的主要性能指标。早期计算机技术的发展受到存储条件的制约，而当今多媒体技术的发展就得益于存储技术的突破。可以这样说，如果没有成功开发出容量大、速度高、价格低的存储设备，就没有多媒体技术的今天。目前，各种存储器琳琅满目，如半导体存储器、磁光盘存储器、

CD-R、CD-RW 激光存储器等。

一、半导体存储器

半导体存储器以其存储速度快、体积小、故障率低而被广泛用于各种数据的保存。半导体存储器最常见的是随机存取存储器（RAM），主要用作计算机的内存储器，存储操作系统或其他正在运行的程序。

RAM 分为静态 RAM（SRAM）和动态 RAM（DRAM）两大类。由于后者单位容量的存储成本较低，所以被广泛用于内存储器的制作。

RAM 存储器的特点是速度快、性能可靠、可随时读写、成本低，但当断电时，RAM 不能保留数据。一台计算机用作多媒体制作，RAM 至少应有 64MB 的容量。

近年来，为了使 RAM 在断电后也能保留数据，发展了使用 "Non-volatile" 技术的 RAM 存储器，即非易失性内存（RAM Non-volatile）。该存储器具有存储速度快、体积小、容量大、携带方便等特点，被广泛用于数码相机、手机、MP3 随身听、掌上电脑，以及小型打印机等可携带设备上。人们习惯上把非易失性内存称为存储卡、闪存器、U 盘等。

二、MO 磁光盘存储器

MO（Magnet Optical）磁光盘存储器是采用光学和电磁学相结合的高效大容量存储器，其特点是能把强磁场和激光同时作用于盘片而达到保存信息的目的。

MO 盘片的数据记录层采用对温度极为敏感的磁性材料制成。写入数据时，激光照射盘片表面的微小区域，使该区域的温度瞬间升高。与此同时，施加强磁场，该区域即被磁化。当激光停止照射时，盘片表面温度降到居里点以下，磁化状态被保留，于是信息被记录了下来。擦除信息时，改变磁场方向，再加以激光照射即可。

MO 磁光盘的尺寸有 3.5 英寸和 5.25 英寸两种规格。3.5 英寸的单片存储容量有 230MB、540MB、640MB 三种；5.25 英寸的容量比较大，有 1.3GB、2.6GB、5.2GB 等。MO 磁光盘可无限次读写,其磁性介质的磁化次数不受限制。

三、CD-R 和 CD-RW 激光存储器

CD-R 激光存储器所使用的光盘具有"有限次写，多次读"的性质，而 CD-RW 激光存储器所使用的激光盘片则可反复读写。

1. 主要技术指标

（1）CD-R 有刻录速度和读取速度两个指标。刻录速度是指向 CD-R 盘片上写入数据时所能达到的最大倍速值。读取速度是指在以 CD-ROM 形式读取普通光盘数据时所能达到的最大倍速值。读取速度一般大于刻录速度。

（2）CD-RW 有三个速度指标分别是刻录速度、读取速度和复写速度。前两项指标的含义与 CD-R 相同。复写速度是指向光盘写入数据时的最大倍速值。复写时，要首先烧结盘片的数据层，抹除原有数据，然后再写入，时间花费较长，因此复写速度一般低于刻录速度。

2. 刻录模式与刻录方式

刻录可采用开放型和关闭型两种模式。开放型刻录模式可继续追加刻录；关闭型刻录模式则不允许继续追加刻录。

刻录方式也有整盘刻录和轨道刻录两种方式。整盘刻录方式以整片光盘为单位，用于盘对盘的复制；轨道刻录方式以文件或目录为单位进行刻录。

3. 缓冲存储器与刻录成功率

刻录的成功率由盘片质量和 CD-R 或 CD-RW 的缓冲存储器容量的大小决定。在刻录光盘时，数据先读取到缓冲存储器中，然后再刻录到光盘上。如果缓冲存储器中的数据不能得到及时补充，将导致缓冲存储器欠载（Buffer Under Run）情况发生，使刻录中断，光盘报废。

四、DVD 数字光盘

DVD 的英文原文是"Digital Video Disk"，意思是"数字视盘"，在 DVD 数字光盘发展的初期，其主要用于视频影像和音频的播放。随着 DVD 技术的发展，除了用于视频、音频文件的存储以外，DVD 数字光盘还拓展了存储其他数据格式的能力，此时其英文改写成"Digital Versatile Disk"，意思是"数字多用途光盘"。

DVD 采用 MPEG-2 压缩技术储存影像，容量大，集视听、娱乐和电脑多媒体特征于一身，是真正的具备高质量交互性的媒体。

1994 年 12 月，飞利浦和索尼公司共同提出了 MMCD 高密度多媒体光盘标准。1995 年 1 月，日本东芝公司与美国厂商时代华纳（Time Warner）共同发表了 SD（Super Density Disc）标准。SD 标准和 MMCD 标准同属于 DVD 范畴，但具体内容存在差异。两个标准竞争激烈，都希望对方能够遵从自己的技术规范。同年 9 月，美国 IBM 公司和双方达成协议，共同组成 DVD 联盟。

1997 年 4 月，DVD 联盟的主要成员已发展到包括索尼、飞利浦、松下、先锋、胜利、日立、东芝、三菱以及欧洲的汤姆逊和美国的时代华纳公司。这些公司组成了6个工作小组，讨论和制定DVD标准，使全球DVD标准完全掌控在这些厂商手中。

DVD+RW也是一种新型的光盘标准，但其没有得到DVD联盟的支持。该光盘也可以重写约1000次，可以存储视频、音频以及各种数据。DVD+RW的写入速度在众多格式中是最快的，其他格式约为2.77MB/s，而DVD+RW则为11～26MB/s。

五、移动硬盘存储器

移动硬盘由外壳、接口电路板和硬盘存储器构成。为了减小体积、便于携带，硬盘存储器通常采用笔记本电脑用的3英寸硬盘，容量从20～120GB不等。也有采用更小尺寸的硬盘，但容量受到一定限制。

移动硬盘通常采用USB接口，有大口（USB口尺寸）、小口（IEEE1394口尺寸）之分，目前多采用USB2.0信号传输形式，传输速率较高。移动硬盘被广泛用于保存和携带RMVB压缩格式的电影、数码照片、大量数据等场合。

六、数码伴侣存储器

此类存储器是一种专为数码摄影配备的便携式存储器，简称为"数码伴侣"。其中包括读卡器、硬盘存储器、接口电路板、LCD显示屏、电池、外壳等。数码伴侣与移动硬盘存储器一样，采用笔记本电脑使用的小型硬盘存储信息，可存储任何类型的计算机数据。除此之外，内置的读取器可直接读写各种存储卡，还可通过显示屏观看数码照片。通过USB接口，数码伴侣存储器中的数码照片和计算机数据可传输到计算机中。

第四节 触摸屏

触摸屏是一种坐标定位装置，属于输入设备。触摸屏由三部分组成，分别是触摸屏控制卡、透明度很高的触摸检测装置和驱动程序。在使用时，把触摸检测装置贴在显示器表面，显示信息可轻易透过触摸检测装置，几乎感觉不到它的存在。用手触摸显示器上显示的菜单或按钮时，实际上触摸的是触摸检测装置，该装置将触摸位置的坐标信息传送给触摸屏控制卡，然后送往计算机主机，作出相应的响应。

触摸屏控制卡带有独立的CPU和固化在芯片中的监控程序。触摸屏控制卡的主要作用有四个：第一，接收触摸位置检测到的触摸信号；第二，将触摸信号转换成对应的坐标数据；第三，将坐标数据传送到主机；第四，接收主机送来的命令，并加以执行。

一、触摸屏的导电层

触摸屏的检测装置一般采用两种透明的导电层材料。

（1）ITO涂层。这是一种弱导电体，材料是氧化铟，属于无机物。这种材料的特性是当材料厚度低于180nm时，透光率在80%左右，若厚度再薄一些，透光率会提高。但当厚度进一步变薄时，透光率呈下降的趋势，直到接近30nm时，透光率又回到80%。

（2）镍金涂层。镍金是一种导电性能良好的材料。其特点是延展性和透明度很好，适用于制作外导电层，因为外导电层被频繁触摸，使用延展性好的材料可延长其使用寿命。但由于镍金涂层的导电性能过于良好，对其进行精密的电阻测量会很困难。另外，这种涂层的不均匀性也是缺点。

二、触摸屏的种类及其技术特点

触摸屏按照安装方式分类，可分为外挂式、内置式、整体式和投影仪式四种。按照技术原理分类，有红外线触摸屏、电容触摸屏、电阻触摸屏、表面声波触摸屏和矢量压力触摸屏五种类型。

1. 红外线触摸屏

红外线触摸屏是一种利用红外线技术的装置，其传感器的外形是一个边框，边框四周布满红外线发射器和接收器，形成纵横交错的红外线矩阵。将传感器固定在普通显示器的前面，当手触摸显示器的屏幕时，红外线被遮挡，传感器检测X方向和Y方向被遮挡的红外线位置，就可得到被触摸位置的坐标数据。

2. 电容触摸屏

电容触摸屏利用电容量的改变进行检测。当人体触摸该触摸屏时，与触摸屏相连的振荡回路中的电容量就发生改变，从而会破坏振荡的条件，这种变化被触摸屏控制电路检测并转换成触换信号和坐标数据。

电容触摸屏由四层材料复合而成。外表面是 1.5×10^{-3} mm 厚的矽土玻璃，起保护作用；夹层的上下两面各涂有ITO透明导电层，上面的ITO透明导电层是工作层面，四角各有一个电极引出，连接到振荡回路中，夹层下面的ITO透明导电层是触摸屏的内表面，起屏蔽和保护作用。

当手触摸电容触摸屏时，手指会改变工作层面的电容量，而分布于工作层面的四个引出电极则对触摸位置的容量变化作出反应。距离触摸位置远的电极感应微小，而距离触摸位置近的电极则感应强烈。这种差异经过精密的运算和变换，形成触摸位置的坐标数据。

电容触摸屏在使用时，会发生以下几种现象。

（1）手持金属导体靠近电容触摸屏时，容易发生误动作。

（2）空气的湿度对电容触摸屏会产生一定影响。例如，在空气湿度过大的环境中，当身体其他部位靠近电容触摸屏，并未用手指触摸时，易产生误动作。在过于干燥的环境中，电容触摸屏的灵敏度会降低，有时会发生不动作的现象。

（3）手持绝缘物体或戴手套，触摸屏不动作。

（4）环境的温度、湿度、强电场、大功率发射与接收装置、附近摆放大型金属物体等都会影响电容触摸屏的工作稳定性。

3. 电阻触摸屏

电阻触摸屏是一种具有一定电阻的薄膜，薄膜呈透明状态，使用时，将其贴在显示器的正面。

电阻触摸屏采用多层复合结构，由玻璃或有机玻璃作为基膜，在基膜上涂覆两层ITO透明导电层，导电层之间留有缝隙（小于1/1000英寸），互相绝缘。在最外面，涂覆透明、光滑、且耐磨损的塑料保护层。

当手指触摸电阻触摸屏时，靠近外表面的ITO透明导电层由于受压而发生凹陷，与下面的ITO透明导电层接触，接通电路。由于ITO透明导电层有一定的电阻，该接触点与ITO透明导电层边缘的距离与电阻值产生一定的比例关系，因此通过计算X方向和Y方向的电阻值，就可知道触摸位置的坐标数值。由于电阻触摸屏不靠外界感应，只靠检测内部电阻率的变化而得到触摸位置的坐标数值，而且有良好的封装保护，因此，电阻触摸屏对环境的要求不高。在封装完好的情况下，灰尘、潮湿与干燥都没有太大影响，亦可使用任何不伤及表面材料的物体触摸电阻触摸屏。但要注意，若使用尖锐锋利的工具，或者使用对塑料有腐蚀作用和化学作用的试剂或液体擦拭电阻触摸屏，会损伤电阻触摸屏。

4. 表面声波触摸屏

表面声波触摸屏是一种利用表面声波的频率特性进行坐标识别的装置。所谓"表面声波"，是指在刚性介质表面（如玻璃、金属等）进行浅层传播的机械能量波，它是超声波的一种。表面声波的特点是性能稳定，受外界干扰小，在传播时具有尖锐的频率特性。

表面声波触摸屏主要由以下三部分组成。

（1）强化玻璃。纯粹的强化玻璃，安装在显示器前面，形状为纯平面、柱面或球面。

（2）超声波发射换能器和接收换能器。用于发射和接收超声波。

（3）控制器。用于检测和输出触摸位置的坐标数值、触摸压力的数值，并为超声波发射换能器提供频率为 5MHz 的脉冲信号。

强化玻璃左上角安装有垂直方向的超声波发射换能器，右下角安装有水平方向的超声波发射换能器，右上角固定了两个超声波接收换能器。四周刻有 45° 角的条纹，条纹由疏到密，用来反射超声波。

表面声波触摸屏在工作时，依次进行如下动作。

（1）控制器向超声波发射换能器发出频率为 5MHz 的脉冲信号，两个超声波发射换能器将其转换成一定能量的超声波分别向两个方向发射出去。

（2）超声波经过超声波反射条纹的反射，在强化玻璃表面沿 X 方向和 Y 方向传播。

（3）最终，超声波被超声波接收换能器接收。

（4）当手指触摸强化玻璃时，干扰了超声波的传播模式，与触摸前产生差异。

（5）控制器对产生差异的参数进行比较和计算，从而得出触摸位置的坐标数值。

由于表面声波的传播非常平稳，因此控制器通过测量声波衰减时（即触摸时刻引起的干扰）在时间轴上的位置，就能够精确地计算出触摸位置的坐标数值，其精度非常高。

表面声波触摸屏具有以下特点。

（1）采用超声波进行坐标测量，不易受外界干扰。

（2）触摸装置结构简单，只是一块刻有条纹的强化玻璃，耐磨损、耐腐蚀，不需要各种涂层和保护膜。

（3）坐标精度高。

（4）可探测触摸压力的变化，具有 Z 轴（压力轴）的响应能力。

5. 矢量压力触摸屏

矢量压力触摸屏是一种全方位检测触摸屏。可以检测触摸点在空间的各项参数，如触摸点的坐标和触摸压力，最后将参数送到计算机主机中进行处理。

第五节 视频卡

视频卡专门用于对视频信号进行实时处理,又叫视频信号处理器。视频卡插在主板的扩展槽内,需要安装驱动程序,借助视频处理软件工作。可以对视频信号(激光视盘机、录像机、摄像机等设备的输出信号)进行数字化转换、编辑和处理,并保存数字化文件。

视频卡一般具有以下四个基本特性。

(1)视频输入特性。其支持 PAL 制式、NTSC 制式和 SECAM 制式的视频信号模式,利用驱动软件的功能,可选择视频输入的端口。

(2)图形与视频混合特性。以像素点为基本单位,精确定义编辑窗口的尺寸和位置,并将 256 色模式的图形与活动的视频图像进行叠加混合。

(3)图像采集特性。将活动的视频信号采集下来,生成静止的图像画面。图像可采用多种格式的文件,如 JPG、PCX、TIFF、BMP、GIF、TGA 等格式。

(4)画面处理特性。视频卡能对画面中显示的图像或视频信号进行多种形式的处理。例如,按照比例进行缩放;对视频图像进行定格,然后保存画面或调入符合要求的图像;对画面内容进行修改和各种编辑,改变图像的色调、色饱和度、亮度以及对比度等。

一、视频卡的种类及其功能

视频卡是视频信号处理设备的统称,按照功能划分,有以下几种常见的视频卡。

(1)视频转换卡。其能将计算机的 VGA 显示信号转换成 PAL 制式、NTSC 制式或 SECAM 制式的视频信号,输出到电视机、视频监视器、录像机、激光视盘刻录机等视频设备中。

(2)视频捕捉卡。其可将视频信号源的信号转换成静态的数字图像信号,进而对其进行加工和修改,并保存为标准格式的图像文件。

(3)动态视频捕捉卡。该卡能对动态影像进行实时响应,并将其转换成压缩数据存储,还可重放影像。常用于现场监控、安全保卫、办公室管理等场合。

(4)视频压缩卡。该卡采用 JPEG 和 MPEG 数据压缩标准,对视频信号进行压缩和解压缩处理,主要用于制作视频演示片段、录像带转换 VCD 光盘、商业广告、旅游介绍等场合。

(5)视频合成卡。该卡可把计算机制作的文字、图片以及字幕叠加到模拟视频信号源上,常见的模拟视频信号源有录像、光盘、摄像、电视等。

利用视频合成卡提供的功能，可轻松地制作电视字幕、带解说词和标题的家用录像带以及 VCD 的视频素材等。

在选择视频卡时，对以下几项应予以注意。

（1）输入输出信号模式。应确定视频卡使用何种信号模式，常见的信号模式有 PAL 制式和 NTSC 制式。为了追求较高的图像品质，一般采用 NTSC 制式，并要求使用 S 信号端子。

（2）画面分辨率。视频卡的画面分辨率应与电视画面扫描线接近，一般采用 640×480 像素的画面分辨率，某些场合也可采用 800×600 像素的画面分辨率。

（3）颜色模式。为了使图像色彩丰富而不失真，要有足够的色彩数量。而色彩数量与视频卡的 VRAM（帧缓冲器）容量有关，容量大，彩色数量多，失真小，品质高。

（4）图像文件格式。视频卡应支持尽可能多的图像文件格式，例如常用的 JPEG、PCX、TIF、BMP、GIF、TGA 等。视频卡支持的图像文件格式越多，适用性越强。

二、视频卡的结构原理

视频卡的种类较多，各卡之间存在结构上的差异，原理也不尽相同，这里以视频压缩卡为例，介绍其基本结构和原理。

1. 输入信号

视频压缩卡的输入信号之一是视频模拟信号，其能经过数字化变换，将产生的 RGB 信号，接入控制电路；视频压缩卡的另一个输入信号是数字 RGB 信号，从显示卡上接入，经过色彩查找表的处理，也产生 16bit 的 RGB 信号。

2. 视频控制器

视频控制器（Video）包含读、写和刷新 VRAM 的所有控制线和地址线。计算机 Video 接收多路调制器输出的数字化视频信号流，经过像素运算，对图像进行缩放、剪裁和定位，然后把结果写入 VRAM 中。

3. 帧缓冲器

帧缓冲器（VRAM）用于存储视频数据，由两组存储芯片构成，每组 4 个 256KB 存储芯片。

JPEG 压缩处理器通过 ISA 接口接收从数据总线送来的 16bit 视频数据，经过 CL550 的压缩，形成 JPEG 格式，写入主机的硬盘存储器中。除了压缩视频数据的功能以外，CL550 还能完成视频数据解压缩的过程。视频压缩卡上的 CL550 采用 20MHz 的时钟频率，总线传输速率为 2Mbp/s。

5.PCM 音频处理器

PCM 音频处理器由 AD7569 芯片构成，内含数/模转换控制器（DAC）、模/数转换控制器（ADC）以及 ISA 总线接口。PCM 音频处理器能将输入的模拟音频信号数字化，通过 ISA 总线传送到主机的硬盘存储器。PCM 音频处理器的输出既可以是内部模/数转换控制器（ADC）的输出，也可以是硬盘送过来的音频数据。

第六节　扫描仪

扫描仪是一种图形输入设备，由光源、光学镜头、光敏元件、机械移动部件和电子逻辑部件组成。该设备主要用于输入黑白或彩色图片资料、图形方式的文字资料等平面素材。配合适当的应用软件后，扫描仪还可以进行中英文文字的智能识别。

一、扫描仪概述

1. 连接方式

扫描仪与多媒体个人计算机的连接多采用 USB 接口方式和 SCSI 接口方式。

USB 接口方式支持热插拔、信号传输速率高、连接简便、具有良好的兼容性、多设备连接等，为目前主流连接方式。

SCSI 接口方式常用于专业扫描仪，数据传输速率较高，可连接到计算机主机的 SCSI 接口卡上。个人计算机如果没有特殊要求，一般不附带 SCSI 接口卡，该卡需要另外购买。

2. 种类

扫描仪的种类很多，若按照基本构造分类，包括手持式、立式、平板式、台式、滚筒式和多功能扫描仪。

（1）手持式扫描仪。该设备体积小巧、携带方便。在扫描图片或文稿时，用手拿着扫描仪在图片或文稿上匀速移动，纸上图案就被转换成数字信号，经过电缆输送到多媒体计算机中。

（2）立式胶片扫描仪。该设备专门用于扫描照相底片，可以将负片直接扫描成正片。有 35 毫米、4 英寸 ×5 英寸等规格，多用于摄影、照片洗印等领域。

（3）平板式扫描仪。这是应用最普遍的扫描仪；把透明玻璃作为工作面，扫描时图片或文稿置于工作面上，扫描部件在驱动软件的控制下进行扫描。平板式扫描仪使用 CCD 作为光电转换元件，CCD 上光敏单元的个数决定了扫描仪的分辨率。

（4）台式扫描仪。台式扫描仪由高档平板式扫描仪和支架组成。台式扫描仪具有自动更换扫描稿、双面扫描等功能，通常用于扫描量大的场合。

（5）滚筒式扫描仪。该设备是专业扫描仪，体积很大，具有扫描清晰度高、彩色还原逼真、大幅面、超高分辨率等特点。该扫描仪使用光电倍增符进行光电转换，分辨率和灵敏度极高，可获得质量很高的扫描图像。扫描时，通过将图片贴在滚筒上旋转使图片信号被转换成数字信号。

（6）多功能扫描仪。该设备是集扫描、传真和打印等多种功能于一身的多用机，常用于企业与公司的办公环境，与多台专门设备相比，可节省办公场所的占用面积。但由于多用机的集成度高、功能部件多，因此在其中一种功能发生故障时，会影响到整台设备的正常使用。

按照扫描原理分类，扫描仪有反射式扫描、透射式扫描和混合式扫描 3 种类型。

（1）反射式扫描。手持式扫描仪、平板式扫描仪和台式扫描仪均属于此类。其扫描时，光源照亮原稿，经过反射被 CCD 接收，形成电信号，随后经过译码处理生成图像数据。因此，这种扫描仪不适宜扫描透明稿件。

（2）透射式扫描。胶片扫描仪属于这类扫描仪。其扫描对象是透明原稿，如彩色胶片、照相底片负片、投影胶片等。扫描时，光线透过原稿被 CCD 接收，形成电信号，经过译码生成图像数据。由于负片色彩与正常颜色互补，因此透射式扫描仪带有颜色补正装置，能将数字图像还原成正常颜色。透射式扫描仪的扫描分辨率和精度非常高，适用尺寸较小的照片底片。

（3）混合式扫描。这种扫描仪既能进行反射式扫描，也能进行透射式扫描。混合式扫描仪由普通平板扫描仪和安装在顶部的同步光源部件组成，看起来就像装有一个厚盖。

二、基本工作原理

1. 反射式扫描

大多数平板扫描仪采用的是反射式扫描原理。在平板扫描仪的内部，有一个由步进电动机驱动的可移动拖架，拖架上有光源、反射镜片、透镜和 CCD 光电转换元件等。扫描时，原稿固定不动，拖架移动，其上的光源随拖架移动，光线照射到正面向下的原稿上，其过程类似复印机。图片反射回来的光线通过反射镜片反射到透镜上，经过透镜的聚焦，投影到CCD光电转换元件上，经过光电转换形成电信号，然后设备进行译码，将数字信号输出。

CCD由三行光敏元件矩阵组成，分别对应红色（R）、绿色（G）和蓝色（B）三个颜色过滤器。拖架每向前移动一行，控制电路就快速切换三行矩阵，使每行矩阵的光敏元件依次对原稿上的R、G、B三色进行扫描，并转换成电信号。当拖架继续移动时，重复上述过程，又会得到下一组RGB电信号。RGB电信号随时被译码电路进行混色处理，然后以数字形式发送到计算机主机中。

2. 透射式扫描

采用透射式扫描原理的扫描仪一般有专用胶片扫描仪和混合式扫描仪两类。

（1）专用胶片扫描仪。这种扫描仪的结构紧凑，与反射式扫描仪有所不同。反射镜片、透镜、CCD光电转换元件和光源安装在固定架上，不能移动，可移动的是胶片原稿。

扫描时，固定在移动架上的胶片原稿缓慢移动，光源的光线透过胶片照射到反射镜片上，经过反射、聚焦，由CCD光电转换元件转换成电信号，最后经译码传送到主机中。专用透射式扫描仪可把扫描的负片转换成正片信息传送到主机中。

（2）混合式扫描仪。在普通平板扫描仪上增加一个带有独立光源和相应机构的配件，该扫描仪就具备了透射式扫描的特点，从而可扫描胶片的正片和负片。

在扫描时，胶片原稿固定不动，移动拖架在步进电动机的带动下移动，顶部的独立光源也同步随之移动。该光源的光线可穿透胶片照射到移动拖架上的反射镜片、透镜和CCD光电转换元件上，变成电信号。最后经过译码，把数字化图像送到主机中。

由于混合式扫描仪实际上就是一台平板扫描仪，其光学扫描分辨率一般在1200～2400dpi（远不如专用胶片扫描仪高），所以用它扫描小尺寸的35mm胶片时效果一般。

3. 扫描仪的技术指标

（1）扫描分辨率。扫描分辨率的单位是dpi，意思是每英寸能分辨的像素点。例如，某台扫描仪的扫描分辨率是1200dpi，则每英寸可分辨出1200个像素点。dpi的数值越大，扫描的清晰度就越高。

扫描分辨率分为光学分辨率和逻辑分辨率两种。光学分辨率是扫描仪中光学镜头和 CCD 的固有分辨率，是衡量扫描仪性能优劣的重要指标；逻辑分辨率又叫"插值分辨率"，是通过科学算法在两个像素之间插入计算出来的像素，以达到提高分辨率的目的。逻辑分辨率的数值一般大于光学分辨率的数值。

（2）色彩精度。扫描仪在扫描时，把原稿上的每个像素用红（R）、绿（G）、蓝（B）三基色表示，而每种基色又分若干个灰度级别，这就是所谓的色彩精度。色彩精度越高，灰度级别就越多，图像越清晰。

（3）扫描速度。扫描速度也是衡量扫描仪性能优劣的一个重要指标。在保证扫描精度的前提下，扫描速度越高越好。扫描速度主要与扫描分辨率、扫描颜色模式和扫描幅面有关，扫描分辨率越低，幅面越小，单色扫描速度越快。计算机系统配置、扫描仪接口形式、扫描分辨率的设置、扫描参数的设定等都会影响扫描速度。

（4）内置图像处理能力。不同的扫描仪有不同的内置图像处理能力，高档扫描仪的内置图像处理能力很强，很少或无须人为干预。内置图像处理能力体现在以下几方面。

①伽马校正——用于补偿显示器、打印机的色彩线性偏差。

②色彩校正用于调整点阵打印机、热升华打印机、喷墨打印机、显示器的色彩平衡。

③亮度等级一般为 7 级，可根据需要调整扫描仪的亮度等级。

④线性优化是对图像、文本进行优化扫描，保证最佳效果。通常采用固定阈值和文本增强技术（TET）进行优化。

⑤半色调处理采用多种误差扩散模式和浓淡处理模式，可对半色调进行数字化处理。

（5）智能去网。扫描印刷品时，印刷网纹也会被扫描，因而图像常常伴有这种网纹。使用图像处理软件和某些品牌的扫描仪可以去掉网纹。扫描仪把图像网点转换成电脉冲，其脉冲宽度与网点的大小对应，两个脉冲之间的距离就是网点间距。同时，扫描仪根据网点间距生成网格，其密度与图像网点的密度相等。最后，对网格内部的数据进行平均化处理，就可舍弃网点，得到相对纯净的图像。

（6）VAROS 光学分辨率倍增性能。VAROS 光学分辨率倍增性能可将扫描仪的光学分辨率提高一倍。可在透镜和 CCD 之间安装一块微量旋转角度的平板玻璃，在第 1 次扫描时，平板玻璃处于原始位置，光线穿过透镜，经平板玻璃折射，被 CCD 接收，这与普通扫描仪的工作过程一致。关键在于第 2 次扫描。第 2 次扫描时，平板玻璃旋转了一个角度，使扫描图像的位置错开半个像素,当扫描完成后,错开半个像素的光线折射到 CCD 上,形成二次图像。然后,通过软件把两次得到的图像合并到一起,就形成了分辨率高出一倍的图像。

第七节 数码照相机

数码照相机是一种数字化成像设备,在制作多媒体产品时,数码照相机可以方便地摄取数字图片供加工和使用,简化了传统的"拍摄—洗印—扫描—图像处理"缩短了图片处理周期。

一、种类

按照结构特点和成像质量划分,数码照相机有以下几种。

(1)小巧的卡片式数码照相机。这种相机机身时尚、小巧、轻薄,通常采用 500 万～1000 万像素的 CCD,配有 512MB 到 2GB 容量的存储卡,并带有防抖动功能,照片尺寸足够大,照片色彩和清晰度可满足家庭一般需要。

(2)中高档数码照相机。这种相机采用 800 万～1000 万像素的 CCD,使用更高容量的存储卡,具有防抖动功能,属于"高级傻瓜相机",也称为"镜身一体机"。这类相机成像质量较好,自动化程度高,色彩还原较为准确,适合拍摄优质图像素材、获取多媒体产品图像素材。

(3)专业数码照相机。这类相机以单反相机(单镜头反光照相机)为主,可随意更换不同焦段的镜头,某些镜头和机身带有防抖动功能。采用 800 万～2110 万像素的 CCD 或 CMOS,可使用 1～8GB 的存储器。照片成像质最高,锐度好,色彩表现完美,较常见的有尼康(Nikon)、佳能(Canon)等品牌。适用于专业摄影、广告与人像摄影以及数码艺术作品。

二、光学镜头结构特点

数码照相机的光学镜头分定焦镜头和变焦镜头两大类。小巧的卡片式数码照相机多采用定焦镜头或变焦范围不大的变焦镜头;中高档数码照相机一般采用变焦镜头;专业数码照相机则采用可更换的定焦镜头和变焦镜头。数码照相机的光学镜头在镜头镀膜和结构方面有其特殊的加工工艺,使其更适合数码成像的需要,起到增加锐度、提升色彩饱和度、去除阴影和光斑的作用。取景框用于对准拍摄物。大多数家用数码照相机采用液晶屏取景,有些其至取消了取景框。使用取镇框取景时,在与被摄物体很近的情况下,实际拍摄到的景物和看到的有一定偏差,需观察取景框上的修正线予以补正。专业数码照相机一般采用单镜头反光方式，把镜头中摄取的实际影像反射到取景框中，使观察到的影像与实际影像一致。

三、技术指标

1.CCD 像素数量

数码照相机内部的 CCD 或 CMOS 是光电转换元件，负责把可见光转换成电信号。CCD 或 CMOS 所具有的光敏单元（像素）数量是衡量数码照相机画幅大小的重要指标，像素数量越多，数码照片的画幅越大，记录的细节越多，图像越清晰。

像素的多少不是衡量数码相机的唯一指标，不同档次的数码相机使用的 CCD 或 CMOS 也不尽相同，同样都是 1000 万像素，家用相机和专业相机的画面质量差异很大。决定画面清晰度和色彩还原度优劣的关键是 CCD 或 CMOS 的光电转换性能和感光面积。

2.光学镜头的规格与性能

光学镜头的规格和性能决定了成像的质量。专供数码相机使用的光学镜头有以下性能特点。

（1）定焦镜头的焦距以 mm 为单位，如 35mm、50mm。

（2）变焦镜头有多种变焦范围，通常用于单反数码相机。

常见的变焦镜头有 17～70mm，18～200mm，70～200mm，100～500mm 等。其中，18～200mm 变焦镜头由于焦距段覆盖面大，可适用于各种场合，价格适中，出门采风只需带一个镜头即可，被人们称为"一镜走天下"，备受广大摄影爱好者青睐。

（3）镜头的防抖动功能。该功能可使快门速度降低 2～3 档，使拍照更容易驾驭，减少照片"脱焦"现象。"脱焦"现象是指照片虚化，不能准确对焦的现象。

（4）镜头的光圈是数码相机控制光线的窗口，光圈数值越小，透光量越大，如 F2.8 光圈值比 F3.5 光圈值的透光量大。一款镜头的透光量越大，价格也越昂贵。

3.快门速度

快门速度决定了曝光时间的长短，通常具有一定选取范围。例如，某数码照相机的快门速度在 3～（1/2000）s。较慢的快门速度适于拍摄静止的、光线较暗的物体，若希望表现物体的流动感，通常也采用慢快门速度。高速快门一般用于拍摄运动的物体，光线过于强烈的环境也采用高速快门，以避免 CCD 感光过度，造成图像失真。

4. 显示屏

家用和中高档数码相机均配备彩色液晶显示屏（LCD），供拍照构图和浏览照片。LCD 的尺寸和像素数量越大，观察图片就越轻松。专业单反数码相机也有 LCD，但某些品牌的相机不能用来拍照构图，只能用于浏览照片。LCD 的耗电量一般很大，为了节省电池，不拍照时，应关闭 LCD。

5. 存储卡

数码相机使用的存储卡多种多样，如 SM 卡、CF 卡、SD 卡、MS 记忆棒等。存储卡又叫压缩闪存卡，容量从 64MB 到 8GB，单反相机多使用 CF 卡，消费级相机则多用 SD 卡。

除存储卡的容量以外，存储卡的存储速度也是重要指标，它将直接影响数码相机拍照的速度。存储卡的存储速度越高，拍照等待时间越短，价格自然也越高。

6. 文件格式

数码相机拍摄的照片多采用 JPG 格式保存，专业数码相机也有采用 RAW 格式、TIF 格式保存照片的。JPG 格式是一种有损压缩格式，目的是以很少的数据量记录彩色照片。RAW 和 TIF 格式是非压缩格式，能够保存彩色照片的原始数据，但数据量相当大。为了保存 RAW 和 TIF 格式的照片，数码相机必须配备容量足够的存储卡。

7. 接口形式

数码照相机的接口形式主要有四种，可同时适合计算机和 Mac 两种机型。
① USB 支持热插拔接口，现行接口形式。
② IEEE1394 支持新型高速接口，现行接口形式。
③ 串行通信接口，早期的接口形式。
④ Video 输出接口（支持 NTSC 制式和 PAL 制式），供具有连续拍摄能力的数码相机使用。

一般数码照相机采用其中的一种，而某些数码照相机则同时具有两种或三种接口形式。

第八节 彩色打印机

彩色打印机是多媒体信息输出的常用设备，种类繁多。随着打印技术的发展，传统的打印概念不断更新，新型打印机越来越多地采用高新技术，打印精度、彩色还原度和速度不断提高，价格不断降低。

一、彩色激光打印机

彩色激光打印机是一种高档打印设备，用于精密度很高的彩色样稿输出。与普通黑白激光打印机相比，彩色激光打印机采用四个鼓进行彩色打印，打印处理相当复杂，技术含量高，属于高科技的精密设备。

1. 结构与原理

彩色激光打印机主要由着色部件、光导带、打印控制器、激光发生器、传送鼓、走纸滚筒以及高温固化装置组成。打印彩色样稿时，首先要在光导带上通电，产生均匀的电荷。激光发生器会根据打印图像数据发射对应的激光束，照射到光导带上，使光导带上相应的受光点放电，从而改变电荷的均匀分布规律。由于光导带不断地移动，激光束不断地按照图像数据进行照射，因而在光导带上形成与图像数据对应的放电区域，这些放电区域构成了数字图像的潜像。

当光导带继续前进，并从着色部件底部通过时，着色部件中的着色剂被光导带上的放电区域吸附，形成单色图像。随后，相同过程重复三次，分别将不同基色附着在光导带上，形成彩色图像。接着，光导带经过传送鼓和走纸滚筒，传送鼓将光导带上构成彩色图像的着色剂固着在走纸滚筒上的纸张表面。然后，附着彩色图像的纸张经过高温固化装置，在一定压力和温度下，使彩色着色剂固化在纸张上，至此，完成彩色图像的打印。

彩色激光打印机的种类很多，原理基本相同，存在差异的是打印幅面、使用纸张、打印速度、着色剂、外观尺寸等技术参数。

2. 技术参数

彩色激光打印机的主要技术指标如下。

（1）打印速度是打印整幅样稿的速度，即打印机每分钟可打印的页数，以 ppm 作为计量单位。打印速度是衡量彩色激光打印机性能的重要指标，目前打印机的打印速度在 8～25ppm。

（2）打印精度又叫打印分辨率，即每英寸打印多少个点，以 dpi 作为计量单位。目前，一般彩色激光打印机的打印精度是 600dpi，高级的机型采用 1200dpi 的打印精度。

（3）最大打印幅面，目前以 A4 幅面和 A3 幅面为主。由于 A3 幅面比 A4 幅面大一倍，因此打印 A3 幅面的打印机体积也大一些。

（4）内存容量，即彩色激光打印机自带内存，其容量值在 4～200MB。

内存容量越大，储存的打印信息越多，越能大幅度减少计算机的负担，提高打印速度。

（5）接口形式。目前，大多数彩色激光打印机采用并行数据通信接口，也有采用串行通信接口的，采用USB接口的机型较少。

二、彩色喷墨打印机

彩色喷墨打印机是目前最为普及的打印机，打印机使用4色、6色或更多色墨水，通过打印头把超微细墨滴喷在纸张上，形成彩色图像。

1. 打印机种类

按照使用场合划分，彩色喷墨打印机有家用型、办公型、专业型、照片专用型之分。随着使用场合的不同，打印机的性能也有所不同。

（1）家用型。此类打印机特点是结构简单，外形线条简洁、明快，纸张幅面以A4为主。家用打印机成本低，具有良好的性能价格比，由于追求打印质量，所以把打印速度和打印噪声放在次要位置。

（2）办公型。该类打印机的特点是机型结构坚固、耐用，带有大容量纸盒，打印速度快、精度高、噪声低，打印幅面大，甚至有些机型支持网络共享打印，适合办公环境大批量打印的需要。

（3）专业型。该类型打印机主要用于彩色质量要求高的场合，例如打印商业广告、平面设计作品、彩色照片等。专业型彩色喷墨打印机具有很多明显的特点。其一，采用6色或更多色彩色墨水（黑色、青色、洋红色、黄色、淡青色、淡洋红色等），色彩丰富，灰阶过渡细腻；其二，彩色墨水采用"宝石级"10年耐光的产品，图片保存时间长；其三，打印头采用超精细墨滴技术，使墨滴达到4pL（$1pL=10^{-12}L$）每英寸，在最高分辨率打印时，直观感觉无墨滴痕迹，即所谓"无点打印"；其四，采用高精度打印，分辨率非常高；其五，采用先进的驱动结构，可实现低噪声打印；其六，高速、高精度双向打印。

（4）照片专用型。此类型打印机为输出小尺寸照片而设计。该类型打印机一般与数码照相机配套使用，可直接输出数码照相机的数字化图像，而无须经过计算机。照片专用型彩色喷墨打印机一般配合6色墨水和照片专用纸，打印精度高，彩色还原好。

2. 大幅面打印机

大幅面彩色喷墨打印机是为了满足大型标语横幅、灯箱广告、标牌的需要而设计的。大幅面彩色喷墨打印机又叫喷绘机，以便和普通家用喷墨打印机相区别。大幅面彩色喷墨打印机的基本原理与普通喷墨打印机大致相同，幅面宽、墨水量大、适应介质种类多是这种大幅面彩色喷墨打印机的特色。

3. 彩色喷墨打印基本原理

彩色喷墨打印机的关键技术在喷墨打印头。喷墨打印头的顶部是墨盒。墨盒里的墨水靠重力作用流进墨仓，但不会从喷嘴喷出。打印数据经过译码和驱动电路，在微压电片上施加微电压，使墨滴从喷嘴喷出。喷出后的墨滴体积很小，没有任何星状散点，也不产生雾状扩散，而是精确定位在相应的位置上，使图像的分辨率得以保证，从而提高了清晰度。

4. 技术参数

（1）打印头规格。打印头采用微压电喷墨方式，并明确规定了喷嘴数量和基色数量。例如，某彩色喷墨打印机的打印头规格是48喷嘴×6色（黑色、青色、洋红色、黄色、淡青色、淡洋红色）。

（2）打印速度。打印速度与打印纸张的规格、彩色/黑白模式、打印分辨率以及文字/图形内容等因素有关。除此以外还受硬件、软件配置和图像传送速度等因素影响。

（3）打印分辨率。该参数已经标准化，有些打印驱动程序甚至不标明dpi值，如经济打印模式（隔行打印，省墨，且打印速度快）、一般打印模式、精细打印模式等。选择打印分辨率时，应选择对应的打印纸类型。

（4）打印纸规格。此项技术参数规定了彩色喷墨打印机能够使用的打印介质种类、尺寸、厚度以及产品代号。其中，介质类型有普通纸、360dpi喷墨打印纸、照片质量喷墨打印纸、高质量光泽照片纸、照片质量光泽胶片、喷墨透明胶片等。

（5）接口形式。多数彩色喷墨打印机采用USB接口，也有个别的彩色喷墨打印机采用传统的并行数据通信接口。

（6）墨盒规格。墨盒规格包括墨盒数量、墨水容量、在一定墨水覆盖率和标准分辨率的前提下打印标准样纸的页数。

（7）工作环境。工作环境包括温度、湿度、声压三项。例如，某型号打印机的工作环境参数为温度10℃～35℃，湿度20%～80%，采用《ISO9296标准》精细模式打印。

（8）电源规格。包括额定电压、额定频率和耗电量三个参数。在我国，打印机额定电压是220V，额定频率是50Hz，而耗电量因机型而异。

三、彩色热升华打印机

彩色热升华打印机是一种色彩还原非常好的打印机，打印的图像色调连续，具有透明感，图像质量与照片一致，甚至超过照片。彩色热升华打印机此前一直用于专业照片级的输出。近年来，彩色热升华打印机成本逐步降低，开始走向广阔的应用市场。

彩色热升华打印机采用黄、品红、青（Y、M、C）三色颜料，黑色由 Y、M、C 合成。在热升华过程中，附着着三色颜料的色带经过打印头，打印头根据图像数据改变瞬间温度，使颜料蒸发而产生差异，从而在打印纸上形成色调的均匀过渡和亮度的变化，生成高品质图像。

为了保证热升华成像的顺利完成，彩色热升华打印机一般使用特殊的热升华相纸，以受热感光方式生成照片。热升华相纸表面涂有一层特殊的涂层，可实现热像转移。在热升华打印机工作时，首先在热升华相纸上进行动态成像范围的定位，然后再将 YMC 三色分别蒸发到热升华相纸上，完成彩色图像的输出。

第九节　彩色投影机

彩色投影机简称投影机，是一种数字化设备，主要用于计算机信息的投影显示。使用彩色投影机时，通常配合大尺寸的幕布，计算机送出的显示信息通过投影机投影到幕布上。作为计算机设备的延伸，投影机在数字化、小型化、高亮度显示等方面具有鲜明的特点，目前正在被广泛用于教学、广告展示、会议、旅游等众多领域。

一、投影机分类

按照结构原理划分，投影机主要有四大类，分别是阴极射线管（CRT）投影机、液晶（LCD）投影机、数字光处理（DLP）投影机和硅液晶（LCOS）投影机。

1. 阴极射线管投影机

此类投影机是早期的投影机，采用阴极射线管。投影机的特点是图像色彩丰富、柔和，工作稳定，具有较强的调整几何失真的能力。但是，由于受阴极射线管技术条件的制约，其亮度不高，只适合在光线较暗的环境中使用，目前已基本淘汰。

2. 液晶投影机

液晶投影机采用液晶作为显示件。液晶是一种介于液体和固体之间的物质，该物质本身不发光，但在电场作用下，分子排列会发生改变，透过液晶的光线就会受其影响而发生变化，从而展现出影像。

LCD投影机分为液晶光阀投影机和液晶板投影机两类。

（1）液晶光阀投影机。该机将传统的阴极射线管和先进的液晶光阀作为成像元件，为了提高亮度和分辨率，采用高亮度的外光源照射成像元件，进行被动式投影。该投影机是目前亮度最高、分辨率最大的大型豪华设备，其光通量高达6000lm（流明），适用于环境明亮、人数众多的场合，如大型娱乐场所、大型会议厅以及指挥调度中心等。但是，该投影机体积大，不适于携带，价格也比较昂贵。

（2）液晶板投影机。该机使用液晶板作为成像元件，具有独立的外光源，采用被动投影方式。液晶板投影机是目前使用最为广泛的设备，体积小，重量轻，便于携带，配有遥控器，操作方便。

3. 数字光处理投影机

它以DMD数字微镜面作为成像元件，在图像灰度、色彩等方面达到了很高的水准。

数字光处理投影机（DLP投影机）具有体积小、画面稳定、颜色过渡均匀、无图像噪声、可精确再现图像细节、可随意变焦、调节便利、光效率高等特点。

4. 硅液晶投影机

硅液晶投影机（LCOS投影机）是采用全新的LCOS技术的投影机，该技术采用CMOS集成电路芯片作为液晶板的基片，不仅大幅度提高了液晶板的透光率，从而增加了投影亮度，而且拥有了更高的分辨率和更丰富的色彩。最重要的是，采用CMOS集成电路芯片作为液晶板的基片可降低成本，使投影机的应用更为广泛，更具竞争力。

二、基本原理

投影机具有独立的外光源。高亮度光线照射到三基色液晶板上，每块液晶板受到与数字图像对应的电场作用，其分子排列发生相应改变，透过液晶板的光线也会发生相应变化，经过混色、聚焦镜头的聚焦，彩色图像被投射出去。

液晶板的透光率是影响投影光线强度的关键因素，要想进一步提高投影机的亮度，只有提高液晶板的透光率，但这受到液晶技术发展的限制。而DLP投影机在原理和技术上解决了亮度问题。

DLP投影机采用数字微镜面作为成像元件，光源的光线照射到数字微镜面表面，然后反射到聚焦镜头。在数字微镜面上连续、快速显示的数字图像像素经过反射和聚焦组成图像。增加亮度的关键是数字化的微镜面表面光洁度很高，能够把光源的大部分光线反射出去，就可得到很高的投影亮度。

三、主要技术指标

1. 光通量

光通量的计量单位是 lm。测量光通量的方法是在测试屏幕上均匀分布 9 个测量点，分别测量各个点的光通量值，然后取其平均值作为投影机的光通量值。

2. 对比度

对比度是投影画面最亮区和最暗区的亮度之比，对比度高的投影机灰度层次丰富、画面色彩鲜艳。对比度低的投影机色彩灰暗，轮廓不清晰，视觉效果不佳。

3. 均匀度

均匀度是指投影画面四角区域和中心区域亮度的比值。均匀度越高，画面的明暗区域越不明显。影响均匀度的主要因素是光学镜头，好一些的投影机均匀度在 95% 以上。

4. 分辨率

分辨率由成像元件决定，单位是像素。常见分辨率是 1024×768、1280×1024。一台投影机可以有多种分辨率工作，但最佳分辨率只有一个，这就是"标准分辨率"。当计算机的显示信号与投影机的标准分辨率相符时，图像最清晰，没有失真，否则清晰度和色彩都会差一些。

5. 行频

水平扫描的频率叫作行频，单位是 Hz（赫兹）。一般投影机的行频在 $50\sim100$kHz，高档投影机的行频在 100kHz 以上。

6. 场频

垂直扫描的频率叫作场频，又叫刷新频率，单位是 Hz。显示静态图像时，刷新频率越高，图像越稳定。刷新频率若低于 50Hz，则有明显的闪烁感。当投影机显示视频图像时，刷新频率要求更高。

7. 光源寿命

液晶投影机采用独立的光源，由于光源亮度大、温升高、价格贵，因此光源的寿命受到普遍关注。投影机的光源是一种采用特殊材料制作的灯泡，灯泡的寿命为 $1000\sim4000$h。

8. 遥控

遥控器主要用于投影参数的调整，还可用作遥控鼠标、激光笔等。大多数遥控器采用红外线遥控，不同投影机遥控器的功能各异。

9. 接口形式

投影机的接口形式非常多，主要有以下几种。

（1）显示器接口——显示器接口一般有两个，一个接收显示信号，一个输出显示信号。

（2）视频输入接口——接收来自视频设备的信号，如录像机、VCD 机、电视机等。

（3）音频输入接口——接收来自计算机、DVD 机、电视机、收音机、音响等的音频信号。

（4）音频输出接口——输出音频信号至音频放大器或扬声器。

（5）根据机型的不同，还有 S-Video 接口、帧频输入接口（可连接有线电视）等。

第三章　美学与多媒体

利用多媒体技术开发的产品，要讲求美观、实用，并且应符合人们的审美观念和阅读习惯，这就是开发多媒体产品过程中要解决的美学问题。

美学不依赖于计算机知识，这门学科一直以来是美术设计的基础。在开发多媒体产品的过程中，人们已经不满足于那种千篇一律的呆板面孔，而是要在软件设计和开发中，运用美学概念，开发具有审美情趣的软件界面、设计符合人们视觉习惯的显示模式、实现方便控制功能等特点的产品。

第一节　美学概念和多媒体

美学不是抽象的概念，它是由多种因素共同构成的一项工程，能通过绘画、对两个以上色彩的运用与搭配、设计多个对象在空间的摆放关系等具体的艺术手段，来增加多媒体产品的人性化和美感。这就是美学中常说的三种艺术表现手段，即绘画、色彩构成和平面构成。

一、什么是美学

美学是通过绘画、色彩和版面展现自然美感的学科。其中，绘画、色彩和版面被叫作美学设计三要素，而自然美感则是美学运用的最终目的。

在人类发展历程中，美学一直伴随着人们的生活。早期人类在自然景物上绘制各种岩画和壁画，佩带随身装饰物，以此向世人展现生活、个性、社会、文化背景。可以说，这是人类本身独有的思维结果，也是人类个性发展的写照，同时也说明了美学产生的必然性。

自古以来"爱美之心人皆有之"。这种心态刺激了美学的发展，也构成了美学发展最基本的条件。随着社会的发展，美学已经从直觉、爱好甚至偏好的原始形态中走了出来，演变成具有共性的审美标准、符合科学的视觉规律、大多数人能够接受的现代学科，通过了解美学，设计者可以制作出更加完美、更加具有竞争性的多媒体产品。

二、美学在设计多媒体产品时的作用

在制作多媒体产品时引入美学观念，其作用有三个。

（1）产生更好的视觉效应。通过色彩运用、布局和绘画渲染，使产品具有舒适的色调、醒目的标题、鲜明的个性，以此产生更好的效果，刺激人们的视觉神经，因此视觉效应又称为眼球效应。现代社会的各行各业非常重视眼球效应，为了引起人们足够的注意，设计者往往力图在产品的外观、使用的舒适度、人性化等方面有所突破，以此增加人们对产品的注意力，刺激购买欲望，在多媒体产品制作时该效应也同样适用。

（2）内容表达形象化。美学不仅要解决美观好看的问题，还要解决人们的生理、心理习惯问题。所谓生理习惯，主要是指人们固有的阅读习惯、聆听习惯、书写习惯等；心理习惯则是指阅读的心态、操作的感觉、对产品的感受、接受的程度等。

有关研究表明，接受事物最快的方式是直接观察实物，其次是观看形象化的图像、辨别抽象的图形以及语言描述。在美学观念中，尽量采用人们容易接受的方式来表达必须展示的内容，形象化的表达方式往往能够以最简单的形式传达最多的信息，多媒体产品的制作过程也是将信息形象化的过程。

（3）增加产品的价值。自从人类进入商品化社会以后，产品的价值观念更加强烈了。利用美学观念，设计人们喜欢看、喜欢试、喜欢用的产品，不仅扩大了产品的知名度，而且还增加了产品的价值。包装业的日益盛行，正说明了人们对于产品价值和美学之间的必然联系有了深入的认识。

三、美学的表现手段

前文曾经介绍，美学有三种艺术表现手段，即绘画、色彩构成和平面构成，制作多媒体产品同样需要这三种表现手段。

绘画是美学的基础。通过手工绘制、电脑绘制和图像处理，使线条、色块具有了美学的意义，从而构成了图画、图案、文字以及形象化的图形。

色彩构成是美学的精华。色彩历来是人们最为敏感的部分，研究两个以上的色彩关系、精确到位的色彩组合、良好的色彩搭配是色彩构成的主要内容。

平面构成又叫版面构成，是美学的逻辑规则。主要研究若干对象之间的位置关系。随着人们对平面构成的深入研究，已经把平面构成归纳为对版面上的点、线、面现象的研究。

第二节 平面构图及在多媒体中的应用

平面构图是平面构成的具体形式，主要针对平面上两个或两个以上的对象进行设计和研究。以美学为基础的平面构图要遵循一定的构图规则，以便准确地表达设计意图。

一、构图规则

在二维平面中，图像、文字、线条占有自己的位置，或层叠、或排列、或交叉，用于体现不同的属性和视觉效果。以下简要介绍几种有代表性的构图规则。

1. 突出艺术性与装饰性

所谓艺术性，是指追求感觉、时尚与个性；装饰性是指追求效果、夸张和比喻。突出艺术性的作品在色彩、构图、文字与图案的搭配方面融入了设计者自身的意图和感觉，注重艺术表现；突出装饰性的作品则把对称性强烈的纹理图案作为创作的主线，强调了相对抽象的图案感觉，从而具有装饰性。

2. 突出整体性与协调性

整体性追求表现形式和内容的整体效果，具有完整、不可分割的艺术效果。协调性则把多个对象素材协调布局，强调版式上、内容上的协调统一，具有匀称、协调均衡的视觉效果。

3. 点、线、面的构图规则

所谓点、线、面，主要是指构图的三种不同形式。一个平面作品如果突出了其中的一种构图形式，则平面作品就体现了该形式所具有的属性和视觉效果。于是，人们把点、线、面的构图形式作为一种构图的规则。点、线、面的构图规则是人们经过长期研究和探索而总结归纳出来的，它具有普遍意义，是版面构成的重要组成部分。

（1）点的构图规则。版面上的主体以点的形式存在，为突出局部效果而设计。人们在观察以点的形式表现的主体时，会不由自主地用心观察局部的细节，集中了视线，产生了突出主体的视觉效果。

（2）线的构图规则。在版面上，使用直线、曲线等线段对需要表现的内容进行分隔，类型划分，甚至只是纯粹装饰，以此实现版面的多样性、突出思想性和鲜明的个性。

线在点和形之间建立了新的视觉感受，通过运用线段的长短、粗细、方向、位置等属性，可以获得丰富的表现力，从而产生多种美好的视觉效果。

（3）面的构图规则。面的构图需要占据大空间，比点、线的视觉效果强烈，一目了然。面的使用有两种形式，一种是几何形式，一种是自由形式。

几何形式的面往往是把平面几何图形进行错落有致的摆放，形成纵深感、多层次感，版面内容丰富、充实，具有浑然一体的视觉效果。

自由形式的面往往根据设计者的意图进行设计。可以突出一个画面的整体效果，也可以强调画面之间的关系，以此产生大气的视觉效果。

4. 突出重复性与交错性

这是针对两个以上对象在同一个版面中的情况。重复性是指对多个形态一致的对象进行规则排列，产生整齐划一的视觉效果。

交错性是指对多个对象交错排列，使版面呈现错落有致的视觉效果，造成视觉上的变化，可以避免呆板的感觉。

对称是同等同量对象的平衡，要想实现对称，至少要有两个尺寸相同的对象。对称的形式主要有以下三种。

（1）对称于 x 轴的上下对称。

（2）对称于 y 轴的左右对称。

（3）对称于对角线的对称。

5. 而作为对称元素的对象还可以有两种形式

（1）完全相同的形态，即在平面位置上对称的对象是完全相同的。

（2）互为翻转的形态，即两个对象在对称轴上形态一正一反。

对称性版面的特点是平衡、整齐与稳重。

均衡性的表现形式是版面布局匀称、重心稳定，强调一种庄重与宁静的气氛。均衡的形式有很多变化，表现的情绪也不尽相同。适当的均衡处理，可产生动中有静、静中有动的意境。

6. 突出对比性与调和性

对比性强调两个对象或更多对象之间的差异，例如尺寸大小的对比、明与暗的对比、颜色的对比、直线和曲线的对比、动态与静态的对比等。采用对比手法设计的版面具有强烈的视觉冲击力，醒目、有棱角，可使观赏者受到震撼。

调和性与对比性正好相反，它强调两个对象或更多对象之间的近似性和共性。调和性的作品具有舒适、安定、统一的视觉效果。

在版面的美学设计中，调和性和对比性不是对立的，往往利用调和性设计整体版面，利用对比性设计局部。

二、多媒体构图应用

多媒体构图应用指的是运用构图规则设计、制作产品。一个多媒体产品如果在设计、制作过程中引入了构图规则，那么它的操作界面和演示画面将更符合美学要求，更人性化。

1. 多媒体软件界面设计

多媒体软件产品通过界面与使用者交流，在界面上显示信息、控制功能，大多数使用者并不关心界面后面的程序结构。因此，界面成了衡量多媒体产品质量好坏的主要指标之一。

在开发多媒体软件的过程中，界面的设计应充分运用构图规则。在各种构图规则中，最常使用的是点、线、面的构图规则。在设计软件界面时，在保证应用功能的前提下，要尽量运用这些构图规则。

多媒体软件一般分自学型、示教型和混合型三种类型。

自学型软件主要用于电子图书的出版、自学型多媒体教材、学习光盘等。此类软件具有以下特点。

（1）说明性文字相对较多字号较小。

（2）为了容纳更多的信息，图片和视频尺寸相对较小。

（3）菜单和按钮设置齐全，便于自学和选择。

（4）具备完善的交互功能，便于互动练习。

随着计算机彩色投影机的普及，示教型软件的用途得到了扩展，有些示教型软件专门用于大屏幕投影。在设计示教型软件时，应尽量发挥软件特点。其具有如下特点。

（1）演示窗口采用大尺寸，不仅有利于演示信息的清晰显示，而且扩大了信息量。

（2）演示的控制采用不占界面空间的悬挂菜单实现。所谓悬挂菜单，指的是只有单击鼠标右键时显示的菜单，平时不显示。

混合型软件兼备自学型和示教型两种软件的特点，使用起来比较灵活。在设计界面时，应尽可能兼顾功能和构图规则。

2. 网页构图设计

国际互联网的网页是网站的门户。设计优良的网页不仅具备完善的功能，还应给人一种美的、和谐地享受，或者是对个性化的宣扬。由于在设计网页时与美术人员相比，计算机技术人员对美学较生疏，因此后者的设计往往不容易达到美学要求。

网页的美学设计应遵循以下原则。

（1）引入构图规则，进行版面设计。一般而言，网页的媒介包括标题、文字内容、图像、动画、图标、同步声音等。通过这些媒介，网页提供了信息显示、交互操作、检索、娱乐、访问网络计算机等内容。

设计网页的版面，实际上就是摆放媒介的位置，使其更为合理，更符合美学要求。网页的版面设计不是孤立的，在美观的同时，还应充分考虑网页的功能。美观而不实用的网页没有任何实际意义。

（2）运用色彩构成，形成风格。色彩构成是一门专门的学科，主要研究多个颜色之间的构成关系，如果把其研究成果应用在网页上，将使网页更加符合美学要求，形成和谐的色调或者极具个性化的风格。

当然，如果是一个商业网页，或者是个人网页，应根据具体的个性化特点，选择恰当的构图规则进行设计。

第三节 色彩构成与视觉效果

色彩是美学的重要组成部分，它不仅是一门学科，而且还是人们生活中必不可少的元素。有人说，色彩是艺术中科学规律最强的，它的构成也是最有规律和充满感性的。每个人对色彩都有自己的偏好，但就美学而言，人们的理解是大同小异的。

色彩构成包含很多内容，例如色彩的作用、色调、形式美感、色彩物理、色彩混合、色彩知觉等，是我国美术院校学生的必修课。本书只简要介绍与多媒体产品制作相关的知识。

一、色彩构成概念

构成是指两个或两个以上的元素组合在一起，形成新的元素。对于特定的元素色彩而言，为了某种目的，把两个或两个以上的色彩按照一定的原则进行组合和搭配，以此形成新的色彩关系，这就是色彩构成。

简言之，色彩构成是根据不同目的而进行的色彩搭配。色彩搭配的唯一目的是创造美。绘画、广告、多媒体产品的画面是否漂亮、是否耐人寻味，都是色彩搭配要解决的问题。

二、三原色

在自然界中，物体本身没有颜色，人们之所以能看到物体的颜色，是由于物体不同程度地吸收和反射了某些波长的光线所致。

原色包含两个系统，即色料三原色系统和光的三原色系统。两个系统分别隶属于各自的理论范畴。

（1）色料三原色RYB。在绘画中，使用红（R）、黄（Y）、蓝（B）三种基本色料，可以混合搭配出多种颜色，这就是所谓的色料三原色。色料是绘画的基本原料，而掌握色料三原色的搭配，是绘画的基本功。

（2）光三原色RGB。红（R）、绿（G）、蓝（B）三种颜色构成了光线的三原色，电脑屏幕就是根据这个原理制造的。于是，光三原色又叫"电脑三原色"。

在光色搭配中，参与搭配的颜色越多，其明度越高。图像处理软件和动画制作软件都符合光三原色的搭配规律。

三、色彩三要素

1. 色彩三要素的内容

明度、色相、纯度构成了色彩的三要素。

明度是指色彩的明暗程度。恰到好处地处理好物体各部位的明度，可以产生物体的立体感。白色是影响明度的重要因素，当明度不足时，添加白色，可增加明度，反之亦然。

色相是颜色的相貌，用于区别颜色的种类。色相只和波长有关，当某一颜色的明度、纯度发生变化时，该颜色的波长不会改变，也就是说色相不变。不同波长的光色给人以不同的感受，在美学设计中，对色相敏感的人往往采用最精炼的颜色表现最丰富的内容。色相的运用主要表现在色彩冷暖氛围的制造、表达某种情感等方面。

纯度是指色彩的饱和程度，也被称为鲜艳度或纯净度。自然光中的红、橙、黄、绿、蓝、紫光色是纯度最高的颜色。在色料中，红色的纯度最高，橙、黄、紫色次之，蓝、绿色的纯度相对较低。人眼对不同颜色的纯度感觉不同，红色醒目，纯度感觉最高；黑、白、灰色是没有纯度的颜色。

2. 色彩三要素的关系

色彩的明度能够对纯度产生不可忽视的影响。明度降低，纯度也随之降低，反之亦然。色相与纯度也有关系，纯度不够时，色相区分不明显。而纯度又和明度有关，三者互相制约、互相影响。

四、颜色的关系

了解颜色之间的关系，是掌握配色的基本条件。把色料三原色红、黄、蓝混合，形成另外 3 种颜色，构成一个包含有 6 种颜色的色轮。在色轮上，任意两个相邻的颜色叫作"相邻色"，例如红色和橙色，黄色和绿色等；相隔一个颜色的两色为"对比色"，如黄色和蓝色，橙色和绿色等；对角线上的颜色叫作"互补色"，例如红色和绿色、蓝色和橙色等。由于色轮中轴线左侧的颜色看起来偏冷，如紫色和蓝色，因此这些颜色属于"冷色"；中轴线右侧的颜色偏暖，故称"暖色"。

五、颜色搭配要点

颜色的搭配会令很多人感到困惑，常见现象是该醒目的地方不醒目，该柔和的地方不柔和，达不到满意的整体视觉效果。颜色的搭配是色彩构成主要研究的课题，根据要表达的思想和目的，将尽可能少的颜色搭配起来，才会产生美感。颜色的搭配按照主题分为以下四种。

（1）以明度、色相、纯度为主的用色。

（2）以冷暖对比为主的用色。

（3）以面积对比为主的用色。

（4）以互补对比为主的用色。

根据不同的需要、不同的场合、不同的表达内容，选择不同类型的用色，这就是颜色搭配。

1. 突出标题的配色

人们总是希望标题越突出越好，可是有时却事与愿违。常见的问题是标题突出了，但文字不显眼，于是把文字再突出一些，结果标题与文字都突出了，也就没有了突出部分。

使标题突出的方法有以下两个。

（1）加大字号，使标题字号与正文文字号有足够大的差异。

（2）为标题增加边框，边框颜色不应是文字颜色的相邻色。

2. 电脑演示的前景和背景配色

作多媒体作品或者软件界面中，前景通常是指标题和内容部分，背景通常是指过渡色或图片构成的大面积背景。前景颜色与背景颜色的搭配要视应用场合和表达的中心内容而定。用于供显示器显示和大屏幕投影的界面，在颜色搭配上应注意以下几点。

（1）严肃、正式的场合，例如国际会议、教学环节、科学技术讲座，前景文字尽量采用白色、黄色等明度高的颜色，背景则采用明度低的颜色，并以冷色为主，例如蓝色、紫色。

为了增加标题的醒目程度和条理性，可以把颜色鲜明的色块、圆点或图形等放置在标题的前面。

（2）活跃的场合，例如广告、商品介绍等，前景要富于变化，主要体现在文字的字体、字号、颜色、排列方式等方面。就颜色而言，文字的颜色要富于变化，例如采用一字一色，或者采用渐变色。背景则多采用经过处理的照片，把照片的明度和纯度降低，色调也要进行适当的调整。

（3）喜庆的场合，例如婚礼、各种盛事、电影发布、举办音乐会海报等，色彩的运用以鲜艳、热烈、富于情感为主。世界各国对喜庆的颜色有着不同的习惯和理解，如我国民间用红色表现热烈的气氛。喜庆用色通常具有明度高、色相清晰、纯度高的配色方案。

3. 胶片投影的前景和背景配色

胶片投影是传统的投影方式，光线透过胶片照射到屏幕上，产生影像。投影胶片的配色与电脑显示的配色大不相同，应遵循如下规律。

（1）前景色要求明度低，经常采用蓝色、红色、黑色等颜色，以便突出主题。

（2）背景色的明度要高，常采用白色、乳白色、黄色、浅蓝色等颜色，使背景明亮，提高与前景的反差。

一般而言，如果前景是标题或文字的话，白底黑字是投影胶片常用的配色手法。如果是图片或者其他颜色较丰富的图案，则要尽量避免使用明度过低的颜色，以免由于透光性太差而影响投影效果。

六、色彩的象征意义

了解色彩的象征意义，引起人们对色彩的联想，是正确、有效地使用色彩的重要依据。人们对色彩的理解源于经验、经历和学习。例如，看到红色就想到太阳；看到绿色犹如看到了一望无际的大草原；见到蓝色就自然联想到大海和天空等。

第四节　多种数字信息的美学基础

人们对美学的研究，其目的是为了将美学应用在各个领域，使这个世界更加美丽。美学就是通过绘画、色彩构成和平面构成为设计对象添加美感。

在多媒体产品中，除了界面需要美学设计以外，对作为表达媒体的图像、动画、声音等素材也需要美学设计，这是由于众多媒体素材是准确表达内容的主要手段和媒介，对他们进行的美学设计，可提高多媒体产品的品质，体现以人为本的设计思想。

一、图像美学

图像是多媒体演示画面的主体，图像美学就是在图像处理过程中融入美学设计思想，使图像具有美感和丰富的表现力。为了提高图像的美感，应在以下三个方面进行设计和处理。

1. 图像的真实性

图像的第一属性是形象、准确地表达自然现象和思想。因此，在某些要求精确的场合，保证图像的真实性是必要的，其工作主要在以下几方面进行。

（1）不对图像进行涂抹、剪贴等有可能毁坏图像本来面目的操作。

（2）提高图像的明度和对比度，并作适当的锐化处理，以此提高图像的清晰度。

（3）在一定尺寸下，图像的分辨率越高越清晰，在扫描图片时，应采用较高分辨率扫描，如600dpi，以便得到清晰度较高的图像。

（4）由于拍摄条件和图像来源的限制，有些图像主体不突出，使辨别发生困难，这时就需要去除与主体无关的部分。

（5）图像的缩放要慎重。使用任何图像处理软件对图像进行放大或缩小，都会造成图像清晰度的损失。

（6）图像的保存格式。图像可以采用很多文件格式保存，但某些文件格式会影响图像的保真度，如JPG格式等。由于这些文件采用数据压缩技术对图像进行压缩存放，图像的颜色数量、清晰度都会受到不同程度的影响，因此在要求较高的场合，不宜使用上述文件格式保存图像，而应该采用没有损失或损失较小的图像文件格式，例如TIF格式、BMP格式等。

2. 图像的情调

图像的情调用于表达人们的心情、创造某种意境。它能够渲染情感，使人们产生遐想，具有某种象征性的意义，这与前面介绍的保证图像的真实性有很大不同，它是通过对图像进行大刀阔斧的处理，实现人们需要的情调。通常采用如下手段使图像产生某种情调。

（1）对图像进行去色处理，着重表现黑色艺术感。

（2）需要表现怀旧题材时，对图像进行色调调整，使其色调偏黄，并适当降低对比度。

（3）对图像主体以外的部分进行柔化处理，以产生大光圈聚焦成像的视觉效果。当需要朦胧感觉时，对图像整体进行适度柔化。

（4）当把图像用作背景时，需要降低图像的对比度和亮度，并做适当的色调调整。

3. 图像的选材

图像的使用场合不同，图像的选材也不同，使用原则如下。

（1）根据构图的需要选材。从图片的尺寸、色调，到表现的主题，都需要精确的挑选。

（2）尽量选用清晰度高、彩色纯度高的图像素材。

（3）把照片用作素材时，应事先策划好文字在照片中的位置，拍照时留有余地。

（4）当图像素材取自印刷品时，由于印刷品上有网纹，因此在扫描或拍照后，需利用图像处理软件降低图像的锐度，减少网纹的影响。

（5）当一张图片不能满足设计需要时，应多准备几张图片，把每张图片需要的部分进行重新组合，这种手法在广告设计中经常使用。

二、动画美学

动画是随时间连续变化的图像，其特点是动态的、实时的。动画美学的研究课题与图像美学不同，图像美学研究的是静止状态的色彩和版面布局，而动画美学所涉及的是画面调度和运动模式。

动画美学的主要内容如下。

（1）注意画面的结构布局，为动画主体留出活动空间。

（2）设计动画的画面调度，主要在镜头移动、纵深运动、平面运动的模式进行设计。

（3）动画制作符合视觉规律。在设计时，遵循的规律是固定不动的物体构成背景的主要对象，起到画面均衡的作用；低速运动的物体给人以平稳的感觉；高速运动能够引起人们的特别注意，起到着力渲染的作用。

（4）把握动画的运动节奏。动画主体的运动节奏是通过对时间的掌握进行控制，这是动画制作中的重要一环。动画动作是否流畅、是否符合设计者的意图、是否与自然规律相符，都取决于动画时间的掌握。就对动画而言，动画的运动速度与帧间的位置差成正比，两帧之间的位置差越大，视觉上物体移动速度就越快。

一般运动的时间掌握以符合自然规律作为衡量尺度。但在动画中，出于趣味性的需要，允许做适度的夸张。

（5）造型设计、动作设计。动画的造型和动作设计是动画美学中最主要的基本条件，它们决定了动画能否具有非常好的观赏性。好的动画造型给人以风趣、可爱、个性化的印象。动画造型的设计需要很强的绘画功底，还需要丰富的灵感。

动作的设计则要依靠动画专业的技巧，赋予动画人物以个性化的动作特点，例如得意洋洋的动作、舞蹈动作等。这是一个创造动画人物个性的过程。

在多媒体产品中，造型设计将主要针对文字的形态、设备的人格化、界面的风格等方面进行。动作设计则针对动作主体的运动模式、运动时间进行规划，甚至可以为动作主体设计个性化特点。

三、声音美学

声音随时间而连续变化，具有很强的实时性。声音美学的研究内容侧重于声音的质量、声音的特殊效果等方面。

1. 影响声音美感的因素

人们对声音美感的感觉是直接的，好听、刺耳、杂音等都是直接的感受。影响声音美感的主要因素有以下两点。

（1）音色。音色是声音的特质，音色不正，会直接影响听觉效果。与音色相关的因素有混响时间、声源特质、采样频率、采样位数等。

（2）旋律。旋律是人创作的，优美的旋律具有欣赏价值，受听众欢迎。狂噪的音响、怪异的声音、浓厚的重金属声只能说是一种声音，谈不上欣赏。

2. 美化声音

（1）提高清晰度。选择优质的载体材质，如光盘。在存储空间允许的情况下，要尽可能采用较高的采样频率、较多的位数记录数字音频。在多媒体作品中，由于存储空间的限制，一般采用22050Hz/8bit的数字音频，过低的指标会严重影响声音的清晰度。

（2）降低噪声。在制作音乐或其他音响资料时，要采用先进的录音设备、技术和降噪系统降低噪声。对多媒体作品的制作者而言，使用音频处理软件的特定功能，可以有效降低噪声，并且尽可能使用信号/噪声比高的声源作为声音素材。

（3）选择悦耳的声音。在多媒体作品中，应尽量选择曲调优美、旋律流畅的音乐作为背景音乐，营造一个宁静、和谐的气氛，使人们保持一种良好的心态。

第四章 音频、图像、动画、视频处理技术

第一节 音频处理技术

一、音频基础知识

声音是人类交流和认识自然的重要媒体形式之一，语音、音乐和自然构成的声音具有丰富的内涵，人类一直被包围在丰富多彩的声音世界里。利用声音，人们可以直观、感性地认识和理解多媒体信息所表达的含义。因此，掌握并理解音频相关概念，对掌握音频相关处理技术，构建多媒体系统有着重要的意义。

1. 声音的基础知识

声音是人类听觉系统所感知到的声波。声波是由物体振动产生的，这种振动会引起周围空气的振荡，从而使耳朵产生听觉。简单地说，声音是人们对外界空气振动的感知。

其中，周期的倒数称为频率，单位为赫兹（Hz），它是声音的一个重要参数。音乐、语音和自然界各种声音都具有各自的频率范围。声音的频率范围被称为频带或频域。一般来说，频带越宽，则声音的表现力越好。人耳可听到的频率范围是有限的在20Hz～20kHz，称为可听域；频率低于20Hz的声音称为次声；高于20kHz的声音称为超声。

声音要引起人类听觉不仅需要一定的频率范围，而且要有一定的强弱范围。人们使用声压、声强或声功率值的倍比关系的对数米表示声音的强弱，其单位是分贝（dB），是无量纲量。

人耳听觉的动态范围很宽广，0～140dB是人耳刚刚能听到的声音；120dB是人耳能忍受的强噪声极限，如果人在100～120dB环境中待一分钟就会暂时性失聪（耳聋）。

（1）声音的分类。

根据声波的特征可以把声音分为两类，即不规则声音和规则声音。不规

则的声音主要是指不包含任何信息的噪声,而规则的声音是指语音、音乐和音效。语音是人们约定俗成的媒体,它包含着人们要表达的信息。音乐是规范化的声音,它包含着一种心灵上可感觉的信息。音效则是指人类熟悉的其他声音,或者说是一种对于熟悉的声音的主观印象。

(2)声音的要素。

声音还有若干感知特性,它们是人们对声音的主观反应。声音的感知特性主要有音调、音强和音色,统称为声音的三要素。

①音调。人耳对声音高低的感觉称为音调。音调主要与声音的频率有关,频率越大,音调越高;频率越小,音调越低。

②音强。音强是人耳对声音强弱的主观感知。主要取决于声音振动的振幅和声压。通常振幅越大,声音越响;人耳距离声源越近,感觉声音越大。

③音色。该要素是一个主观评价声音的量,取决于声音的频谱结构。常见的声音的振幅和频率都会随着时间的推移而变化,这样的声音称为复音。复音是由一个基音(复音中频率最低的声音)和若干个谐音(复音中其他的频率)构成的。正是这些谐音决定了其具有不同的音色,使人耳能辨别出不同的乐器以及不同的人所发出来的声音。一般高次谐波越丰富,音色就越明亮并具有更强的穿透力。

(3)声音的质量。

声音的质量常用声音的频带、信噪比等指标来衡量。

①按声音频带分级。根据声音的频带宽度,通常把声音的质量分成四个等级,由低到高分别是电话语音质量、调幅广播质量(AM)、调频广播质量(FM)、高保真立体声质量(CD-DA),声音信号所占的频带宽度越宽,声音效果越好。

②信噪比。信噪比是有用信号和噪声信号的强度之比,单位是分贝(dB)。它是评价声音质量的一个客观指标。信噪比越高表示声音的质量越好。

2. 音频数字化

音频是人类能够听到的所有声音。在生活中,人们听到的声音都是随时间连续变化的信号,人们把在时间和幅度上都是连续的音频信号称为模拟音频信号。而计算机只能处理数字信号,为了便于计算机处理音频信号,同时也为了信号在复制、存储和传输过程中少受损害,这就需要将模拟音频信号转换为二进制的数字音频信号。这种转换的过程称为音频信号的数字化。

模拟音频信号转换为数字音频信号需要经过采样、量化和编码3个过程。采样是对模拟信号在时间上的离散化,而量化是对模拟信号在幅度上的离散化，编码是将量化后得到的数据表示成计算机能够识别的二进制数据格式。

（1）采样。模拟信号在连续时间的离散化通过采样来实现，每隔一定时间间隔不停地在模拟信号的波形上采取一个幅度值，这一过程称为采样。每个采样所获得的数据与该时间点的模拟信号相对应，称为采样样本。将一连串样本连接起来就可以描述一段声波。

（2）量化。模拟信号在连续幅度的离散化通过量化来实现。量化就是在采样的过程中将每个采样点的幅度值用数字量来表示，即把信号的幅度划分成若干量化区间，把位于同一个量化区间采样点的值归为一类，给予相同的量化值。

（3）编码。如果将量化后的数字声音信息直接存入计算机将会占用大量的存储空间。在多媒体计算机系统中，一般要先对数字化声音信息进行压缩和编码后再存入计算机，以减少音频的数据量。

音频编码的信息是声音波形，所以又称为波形编码。这种方法要求重构声音信号的各个样本尽可能地接近原始声音的采样值，这样复原的声音质量较高。常用的波形编码技术有脉冲编码调制（PCM）、自适应差分脉冲编码调制（ADPCM）和自适应变换编码（ATC）等。

3. 数字音频的数量化

通过上述数字化过程，即可得到数字音频。影响数字音频文件质量的主要因素有采样频率、量化精度和声道数。

（1）采样频率。采样频率是指计算机每秒对声波幅度值样本采样的次数，度量单位为赫兹（Hz）。采样频率越高，即采样的间隔时间越短，则在单位时间内计算机得到的声音样本数据就越多，声音文件的数据量也就越大，声音的还原就越真实、越自然。采样频率与声音频率之间有一定的关系，根据奈奎斯特理论，只有采样频率高于声音信号最高频率的 2 倍时，才能把数字信号表示的声音还原成原来的声音。

（2）量化精度。采样得到的样本需要量化，所谓的量化精度也称为采样精度，是描述每个采样点样本值的二进制位数。采样的样本大小是用每个声音样本的二进制位数 bps 表示的，它反映了度量声音波形幅度的精度。

样本位数的大小影响到声音的质量，位数越多，声音的质量越高，但需要的存储空间也越多；位数越少，声音的质量越低，所需要的存储空间也越少。

（3）声道数。声音通道的个数称为声道数，它表明声音产生的波形个数。记录声音时，如果每次生成一个声波数据，称为单声道；每次生成两个声波数据，称为双声道（立体声）。随着声道数增加，音频文件所占用的存储空间也成倍增加，同时声音质量也会提高。

声音的数据量。模拟音频信号经过采样量化变成离散的数字信号以后，产生的数据量与采样频率、采样精度和声道数有关。

4. 数字音频文件格式

数字音频文件是计算机中保存数字音频信息的文件，它的格式很多，通常可以将数字音频文件分成两大类，即波形音频文件和MIDI文件。波形音频文件是直接记录真实声音信息的数据文件，通常文件较大。MIDI文件则是一种乐器演奏指令序列，指令中包括使用MIDI设备的音乐、音量和持续时间等信息，因此又称为非波形音频文件，通常文件较小。下面就一些常见的数字音频文件格式做相关的介绍。

（1）WAV文件。WAV文件格式是微软公司开发的一种声音文件格式，它符合RIFF文件规范，用于保存Windows平台的音频信息资源，被Windows平台及其应用程序所广泛支持。WAV文件格式支持多种压缩算法，支持多种音频位数、采样频率和声道，是计算机上最为流行的声音文件格式之一，但其文件所占内存空间较大，多用于存储简短的声音片段。

（2）MIDI文件。MIDI是乐器数字接口的英文缩写，是数字音乐/电子合成乐器的统一国际标准，它定义了计算机音乐程序、合成器及其他电子设备交换音乐信号的方式，还规定了不同厂家的电子乐器与计算机连接的电缆和硬件及设备间数据传输的协议，可用于为不同乐器创建数字声音，可以模拟大提琴、小提琴、钢琴等常见乐器。在MIDI文件中，只包含产生某种声音的指令，这些指令包括使用什么MIDI设备的音色、声音的强弱、声音持续时间等，计算机将这些指令发送给声卡，声卡按照指令将声音合成出来，MIDI声音在重放时可以有不同的效果，这取决于音乐合成器的质量。相对于保存真实采样数据的声音文件，MIDI文件显得更加紧凑，其文件所占存储空间通常比声音文件小得多。

（3）MPEG音频文件。MPEG是运动图像专家组的英文缩写，代表MPEG运动图像压缩标准，这里的音频文件格式指的是MPEG标准中的音频部分，即MPEG音频层。MPEG音频文件的压缩是一种有损压缩，根据压缩质量和编码复杂程度的不同可分为三层，分别对应MP1、MP2和MP3这3种声音文件MPEG音频编码具有很高的压缩率，MP1和MP2的压缩率分别为4∶1和6∶1～8∶1，而MP3的压缩率则高达10∶1～12∶1，也就是说1min CD音质的音乐，未经压缩需要10MB的存储空间，而经过MP3

压缩编码后只有 1MB 左右，其音质基本不失真。因此，目前使用最多的音频格式是 MP3 文件格式。

（4）MP4 文件。MP3 和 MP4 之间其实并没有必然的联系。MP4 既不是 MPEG Layer4 的简称，也不是 MPEG-4 标准。它是 GMO 公司针对 MP3 侵犯音乐出版物的版权，采用了美国电话电报公司（AT&T）授权的基于 MPEG-2AAC 技术的音乐文件格式，其压缩比为 15∶1（最大可达到 20∶1），且不影响音乐的实际听感，同时 MP4 在加密和授权方面也做了特别设计。

（5）Real Audio 文件。Real Audio 文件是 Real Networks 公司开发的一种新型流式音频文件格式，它包含在 Real Networks 公司所制定的音频、视频压缩规范——Real Media 中，主要用于在低速率的广域网上实时传输音频信息。网络连接速率不同，客户端所获得的声音质量也不尽相同。对于 14.4Kbps 的网络连接，可获得调幅（AM）质量的音质；对于 28.8Kbps 的连接，可以达到广播级的声音质量；如果拥有 ISDN 或更快的线路连接，则可获得 CD 音质的声音。

（6）WMA 文件。WMA 是微软公司力推的一种音频格式。WMA 格式是以减少数据流量但保持音质的方法来达到更高的压缩率目的的，其压缩率一般可以达到 18∶1，生成的文件大小只有相应 MP3 文件的一半。此外，WMA 还可以通过 DRM 方案加入防止复制，或者加入限制播放时间和播放次数，甚至是播放机器的限制，有力地防止了盗版。

二、常用音频播放和处理软件

随着计算机的逐渐普及和多媒体应用的日益广泛，各种多媒体素材处理和播放软件也层出不穷。特别是音频播放和处理软件，更是在个人计算机上得到了广泛使用，这使过去需要在专业的音频处理设备上进行的音乐播放、编辑和制作，现在在家用的计算机上就可以实现了。因此，了解常见的音频播放和处理软件，对于掌握音频处理相关技术有着重要的意义。

音频播放软件主要的功能是播放各种音频文件，现在常用的各种音频播放软件除了基本的播放功能之外，还有其他一些非常实用的功能，如可以快捷地转换音频文件的格式等，因此得到了广大用户的喜爱和广泛使用。

1.Windows Media Player

Windows Media Player 是微软公司出品的一款免费的播放软件，是 Microsoft Windows 的一个组件，通常简称 WMP。Windows Media Player 可以播放 MP3、WMA、WAV 等音频文件，支持播放列表，支持从 CD 读取音轨到硬盘，支持刻录 CD，高版本的 WMP 支持与便携式音乐设备同步音乐，支持换肤，支持 MMS 与 RTSP 的流媒体，支持外部安装插件增强功能。

2. 千千音乐

千千音乐是一款完全免费的音乐播放软件，拥有自主研发的全新音频引擎，支持 Direct Sound、Kernel Streaming 和 ASIO 等高级音频流输出方式、64 比特混音、Addin 插件扩展技术，具有资源占用低、运行效率高、扩展能力强等特点。支持几乎所有常见的音频格式，包括 MP3/mp3pro、AAC/AAC+、M4A/MP4、WMA、APE、MPC、OGG、WAV、CD、FLAC、RM、TTA、AIFF、AU 等音频格式以及多种 MOD 和 MIDI 音乐，以及 AVI、VCD、DVD 等多种视频文件中的音频流，还支持 CUE 音轨索引文件。

通过简单便捷的操作，可利用千千音乐在多种音频格式之间进行轻松转换，包括上述所有格式（以及 CD 或 DVD 中的音频流）到 WAV、MP3、APE、WMA 等的转换。该软件通过基于 COM 接口的 Addin 插件或第三方提供的命令行编码器还能支持更多格式播放和转换。

3.Winamp

Winamp 是数字媒体播放的先驱，是由 Nullsoft 公司开发的一个非常著名的高保真音乐播放软件。Winamp 支持 MP3、MP2、MOD、S3M、MTM、ULT、XM、IT、669、CD-Audio、Line-In、WAV、VOC、AVI、OGG、WMV、MPG 等多种音频和视频格式，可以定制界面，支持增强音频视觉和音频效果的 Plug-ins，还可通过一些非常实用的扩展插件来增强其功能。

除音频播放软件之外在多媒体制作中还常使用到音频处理软件。音频处理软件涵盖了数字音频处理的核心技术，能进行音频信号的录入、编辑、缩混等处理，使计算机用户能进行技术性较强的音频处理工作，从而进行各种音频制作处理的工作。常见的音频处理软件很多，较著名的有 Adobe Audition、Gold Wave、Sony Sound Forge 等。进行 MIDI 创作的软件主要有 Cake Walk、Cubase Sx 和 Nuendo 等。

三、MIDI 音乐

随着多媒体技术的发展，利用多媒体计算机的音频处理功能和 MIDI 设备进行电子音乐创作已经成为一种快捷、独特的音乐创作方式，为音乐的表达提供了一种全新的工具，形成了一种崭新的音乐风格。

MIDI 是 Musical Instrument Digital Interface 的首写字母缩写词，可译成乐器数字接口，是在音乐合成器、乐器和计算机之间交换音乐信息的一种标准协议。从20世纪80年代初期开始，MIDI已经逐步被音乐家和作曲家广泛接受及使用。MIDI是乐器和计算机使用的标准语言，是一套指令（即命令的约定），它指示乐器即MIDI设备要做什么，怎么做，如演奏音符、加大音量、生成音响效果等。MIDI不是声音信号，在MIDI电缆上传送的不是声音，而是发给MIDI设备或其他装置让其产生声音或执行某个动作的指令。

MIDI标准之所以受到欢迎，主要是因为它有下列几个优点。第一，生成的文件比较小，因为MIDI文件存储的是命令，而不是声音波形；第二，容易编辑，因为编辑命令比编辑声音波形要容易得多；第三，可以作背景音乐，因为MIDI音乐可以和其他的媒体，如数字电视、图形、动画、话音等一起播放，这样可以加强演示效果。

基于计算机的MIDI音乐系统主要由多媒体计算机、音序器、音源、合成器、MIDI键盘、采样器、录音设备和监听设备等设备构成。这些设备可以是音频处理技术的，也可以是集成的。要进行MIDI音乐创作，除了需要上述硬件设备以外，还需要一些相关的MIDI软件。音乐的创作、乐谱的打印、节目的编排、音乐的调整、音响的幅度、节奏的速度等工作，都可以通过MIDI软件来完成。

1. 音序器

音序器是把一首曲子所需的音色、节奏、音符等按照一定的序列组织完整，让音源发声的一个设备。它记录了音乐的一般要素，即拍子、音高、节奏以及音符时值等。音序器是以数字的形式记录下这些要素的。MIDI文件的本质内容实际上就是音序内容。音序器可分为软音序器和硬音序器。软音序器也是一个程序，必须在计算机上安装以后通过计算机才能使用。现在应用的很多MIDI制作软件实际上就是音序器软件，如Cakewalk、Encore等。音序器是硬件设备，和音源连接以后就可以控制音源发声。

2. 音源

音源是计算机音乐系统中产生声音的设备。音源音色的数量、品种和质量将对最终音乐作品的效果产生重要的影响。音源内部就像一个资源库，保存了很多不同音色的样本波形。当音序器工作时，就从音源中调取相应的波型。

音源可分成硬音源和软音源两种。硬音源是专业MIDI制作不可缺少的设备，它提供的音色效果非常出色。而多媒体声卡也可作为音源，因为多媒体声卡内部都包含一个128种音色的GM音色库，只是质量比专业的硬音源差一些。此外，音源还可以采用软音源来代替，软音源一般以插件的形式出现，如 DX/DXi 和 VST/VSTi 插件等。

3. 合成器

合成器是使用振荡器来产生声音的一种电子乐器，它可以通过振荡器的电流振荡产生各种波形并进行处理，合成出新的音色，因此被称为合成器。

合成器可以看成是集音源、音序器和 MIDI 键盘于一身的设备。只要拥有一台带音序器的合成器，多媒体制作时就可以自己制作 MIDI 音乐、进行现场演奏等。

合成器是利用数字信号处理器 DSP 或者其他芯片来产生声音的电子装置。利用合成器产生 MIDI 乐音的主要方法有调频合成法和波表合成法两种。

（1）调频合成法。调频（FM）合成法是由美国斯坦福大学教授约翰·卓宁（John Chowning）于 20 世纪 70 年代发明的。FM 合成的原理是根据傅立叶级数来的，也就是说，任何一种波动信号都可被分解为若干个不同频率的正弦波，因此一种乐器的声音可以由多个正弦波来合成。FM 合成方式是将多个频率的简单声音合成复合音来模拟各种乐器的声音。FM 合成器的内部结构比较复杂，包含诸多信号发生器、振荡器、运算器等逻辑部件。受成本限制，用这种方法产生的声音音色少、音质差。

（2）波表合成法。使用 FM 合成法来产生各种逼真的乐音是相当困难的，有些乐音几乎不能产生，因此就产生了波表合成法。

这种方法是先把各种真正乐器的声音录下来，再进行数字化处理形成波形数据，然后将各种波形数据存储在只读存储器中。发音时通过查表找到所选乐器的波形数据，然后经过调制、滤波、再合成等处理成立体声后发音。

波表合成有软、硬之分，两者工作原理类似，都是采用真实的声音样本进行回放。只是硬波表的音色库存放在声卡的 ROM 或 RAM 中，而软波表的音色库则以文件的形式存放在硬盘中，需要时再通过 CPU 进行调用。

MIDI 工作过程是 MIDI 电子乐器通过 MIDI 接口与计算机相连，MIDI 靠这个接口传递消息来进行彼此的通信。这样，计算机就可以通过音序器软件来采集 MIDI 电子乐器发出的一系列消息或指令，这一系列消息就可以记录到 MIDI 文件中。在计算机上可用音序器软件对 MIDI 文件进行编辑和修改。然后，将 MIDI 文件送往音乐合成器，由合成器对 MIDI 文件进行解释并产生波形。最后，通过声音发生器送往扬声器播放出来。

第二节 图像处理技术

一、图像基础知识

图像是多媒体应用中传递信息的重要媒体。随着数字化时代的到来，数字图像已经取代了传统图像，成为大众生活影像的主要载体。数字图像广泛应用在报纸、期刊、相册、电子网络等领域。

1. 静态图像与动态图像

广义上来说，图像泛指人的视觉系统对事物产生反应而形成的视觉印象或画面，是一种常用的感觉媒体。如果图像的画面是静止的，则称为静态图像；如果图像的画面是运动的，则称为动态图像。

（1）静态图像。

按计算机处理方式的不同，静态图像可以分为位图和矢量图。

位图是用像素点来描述或映射的影像。位图一般也称为图像，基本元素是像素，每个像素用若干个二进制位来指定该像素的颜色、亮度和属性。在处理位图时，编辑的是像素而不是对象或形状。

矢量图是指用一系列计算机指令来描述和记录的画面。矢量图一般也称为图形，基本元素是图元，是指一组描述点、线、面等几何形状的边框，大小，位置，维数等的指令集合。在计算机显示矢量图时，往往能看到画图的过程。

位图和矢量图有如下几点区别。

①位图与图像分辨率有关，当位图的尺寸放大到一定程度后，会出现锯齿现象，图像将变得模糊。缩小位图尺寸也会使原图变形，因为此举是通过减少像素来使整个图像变小的。矢量图与分辨率无关，可以将图形任意缩放，可以按任意分辨率打印而不会丢失细节与清晰度。

②位图可以有效地表现阴影和颜色的细微层次，适用于逼真照片或要求精细细节的图像。矢量图难以表现色彩层次丰富的逼真图像效果，一般适合描绘轮廓不很复杂、色彩简单的图形，如几何图形、文字设计、工程图纸、LOGO 设计等。

③位图占用存储空间较大，一般要进行数据压缩。矢量图只保存算法和特征点，所以相对于位图来说，它占用的存储空间也较小。但由于每次屏幕显示时都需要重新计算，故显示速度没有位图快。

④位图可以通过扫描仪、数码相机等设备获取，也可以通过屏幕抓取，或者在一些图像处理软件如 Photoshop 中绘制而成。矢量图一般通过 Illustrator、Corel DRAW、CAD、FreeHand、Flash 等软件进行创作。

这两种图像各有特色，也各有其优缺点，只是实现方法与用途不同。矢量图侧重于"绘制""创造"，而位图偏重于"获取""复制"。矢量图和位图之间可以用软件进行转换，由矢量图转换成点位图采用光栅化技术，这种转换也相对容易；由位图转换成矢量图用跟踪技术，虽然这种技术在理论上很容易，但在实际中很难实现，对复杂的彩色图像尤其如此。在图像处理过程中，往往需要将这两种类型的图像交叉运用，才能取长补短。

（2）动态图像。

动态图像是指随时间动态变化的一系列图像。每一幅静止图像称为一帧，是构成动态图像的基本单元。当这组序列静止图像以高于1/24s的速度播放时，由于人们的视觉暂留特性而产生了动态的效果。按获取方式的不同，动态图像又分为动画和视频。当动态图像序列中每幅图像都是由人工或计算机产生的图像时，常称为动画；当序列中每幅图像都是通过实时摄取自然景物或活动对象时，常称为影像视频，或简称为视频。

2. 图像属性

（1）像素大小。

像素是组成图像的基本单位，通常被定义为数字图像的最小完整采样。像素大小是指位图在高度和宽度两个方向的像素总数。

（2）图像分辨率。

图像分辨率是指每单位长度上的像素数，通常用"每英寸所包含的像素数"来表示（Pixels Per Inch），即PPI，它决定了图像的清晰程度。在同样大小的面积上，图像的分辨率越高，则组成图像的像素点越多，像素点越小，图像的清晰度越高。例如，一幅分辨率为72PPI的1英寸×1英寸的图像，它包含的像素数目为5184，而一幅分辨率为300PPI的同样大小的图像，它包含的像素数目则为90000。

一般地，如果图像用于网络或屏幕显示，设置为72PPI或96PPI即可，如用于印刷，则不应小于300PPI。打印时，高分辨率的图像比低分辨率的图像包含的像素更多，因此能够比低分辨率的图像更好地表现图像的细节和微妙颜色变化。如果一个图像的原始数据不清晰，提高图像的分辨率也不会使图像变得清晰，因为Photoshop只能在原始数据的基础上进行调整，而无法生成新的原始数据，所以图像的效果不会因为分辨率的增加而变得清晰。

（3）颜色深度。

数字图像中每个像素上用于表示颜色的二进制数字位数称为颜色深度，用n表示，那么它能描述的颜色数$C=2n$。根据颜色深度不同，可以将图像分为以下三种模式。

①黑白图像。此图像指图像的每个像素只能是黑或者白，没有中间的过渡，故称为二值图像。二值图像的像素值为0、1，颜色深度为1。

②灰度图像。该图像是指每个像素的信息由一个量化的灰度级来描述的图像，没有彩色信息，只有256级的明暗变化，颜色深度为8。

③彩色图像。此图像是指每个像素的信息由RGB三基色构成的图像，其中的RGB是由不同的灰度级来描述的，颜色深度为24。

颜色深度越大，图像颜色也就越丰富，画面越自然逼真，但数据量也会随之增加。常见的颜色深度种类有1位、4位、8位、16位、24位、32位这几种。

（4）图像文件大小。

图像文件大小是指在磁盘存储图像所占的字节数。一幅没有经过压缩的数字图像的大小可以按照下面的公式估算：

$$图像大小 = 图像高度 \times 图像宽度 \times 颜色深度$$

影响文件大小的因素除了图像的像素大小和颜色深度外，文件格式也是重要因素。由于GIF、JPEG和PNG文件格式使用的压缩方法各不相同，因此即使像素大小相同，不同格式的文件大小差异也会很大。同样，图像中的图层及通道的数目也会影响文件大小。

Photoshop所能支持的最大图像文件是2GB，最大的像素数目是300000×300000，该限定限制了图像可用的打印尺寸和分辨率。

3. 图像文件格式

图像文件格式是指计算机中存储图像文件的方法，每一种格式都有其特点和用途。在选择输出的图像文件格式时，应考虑图像的用途以及图像文件格式对图像数据类型的要求。下面就介绍几种常用的图像文件格式。

（1）PSD格式。PSD是Photoshop图像处理软件的专用文件格式，文件扩展名是".psd"。PSD格式可以保留图层、通道、蒙版和不同色彩模式等各种图像编辑的原始信息，在图像处理中对于尚未制作完成的图像，选用PSD格式保存是最佳的选择。PSD格式是一种非压缩的原始文件保存格式，因此文件有时容量会很大。很少有应用程序能够支持这种格式，并且其应用领域十分有限，因此应用时一般将图像转换为其他格式的文件。

（2）BMP格式。BMP是英文Bitmap（位图）的简写，扩展名是".bmp"。它是Windows操作系统中的标准图像文件格式，能够被多种Windows应用程序所支持。BMP图像文件支持单色、16色、256色和真彩色四种颜色的图像。BMP文件最大的图像像素为64000×64000。这种格式的特点是其包含的图像信息较丰富，几乎不进行压缩，因此BMP文件所占用的磁盘空间很大。

（3）GIF格式。GIF是英文Graphics Interchange Format（图形交换格式）的缩写，扩展名是".gif"，是美国CompuServe公司在1987年开发的图像文件格式。GIF格式是一种基于LZW算法连续色调的无损压缩格式，其特点是压缩比高，其压缩率一般在50%左右，磁盘空间占用较少。GIF格式支持渐显方式，还可以同时存储若干幅静止图像进而形成连续的动画。目前互联网上大量采用的彩色动画文件多为这种格式。GIF的缺点是不能存储超过256色的图像，因此通常用来显示简单的图形及字体。

（4）JPEG格式。JPEG是英文Joint Photographic Experts Group（联合图像专家组）的缩写，扩展名为".jpg"或".jpeg"，是最常用的图像文件格式之一。其采用有损压缩方式去除冗余的图像和彩色数据，在获得极高压缩率的同时能展现十分丰富生动的图像，也就是说可以用最少的磁盘空间得到较好的图像质量。JPEG格式广泛应用在网络和光盘读物上。

JPEG2000作为JPEG的升级版，同样是由JPEG组织负责制定的，它具备更高压缩率以及更多新功能的新一代静态影像压缩技术，其压缩率比JPEG高约30%，与JPEG不同的是JPEG2000同时支持有损和无损压缩，无损压缩对保存一些重要图片十分有用。JPEG2000的一个极其重要的特征在于它能实现渐进传输，这一点与GIF的渐显类似，而不必是像现在的JPKG一样，由上到下慢慢显示。JPEG2000和JPEG相比优势明显，且向下兼容，因此可取代传统的JPEG格式。JPEG2000既可应用于传统的JPEG市场，如扫描仪、数码相机等，又可应用于新兴领域，如网络传输、无线通信、医疗影像等。

（5）TIFF格式。TIFF是英文Tag Image File Format（标记图像文件格式）的缩写，扩展名是".tif"，是由Aldus和微软公司为跨平台存储扫描图像的需要而联合开发的。TIFF早期是用来为存储黑白图像、灰度图像和彩色图像而定义的存储格式，现在已经成为印刷及出版业的一个重要文件格式。TIFF的特点是图像格式复杂、存储信息多，正因为它存储的图像细微层次信息非常多，图像的质量也得以提高，因而非常有利于原稿的复制。TIFF几乎被所有绘画、图像编辑和页面排版应用程序所支持。

（6）PNG格式。PNG是英文Portable Network Graphics（可移植性网络图像）的缩写，是网上接受的最新图像文件格式。PNG是目前最不失真的格式，它吸取了GIF和JPEG两者的优点，存储形式丰富，兼有GIF和JPG的色彩模式；它能把图像文件压缩到极限以利于网络传输，但又能保留所有与图像品质有关的信息，因为PNG是采用无损压缩方式来减少文件大小的，这一点与牺牲图像品质以换取高压缩率的 JPG 有所不同；它的显示速度很快，只需下载 1/64 的图像信息就可以显示出低分辨率的预览图像；PNG 同样支持透明图像的制作，透明图像在制作网页图像的时候用处很大，可以把图像背景设为透明，用网页本身的颜色信息来代替设为透明的色彩，这样就可让图像和网页背景和谐融合在一起。

PNG 的缺点是不支持动画应用效果。现在，越来越多的软件开始支持这一格式，而且这一格式在网络上也越来越流行。

（7）EPS 格式。EPS 是跨平台的标准格式，是专门为存储矢量图设计的特殊文件格式，输出的图片质量很高，能够描述 32 位色深，分为 Photoshop EPS 和标准 EPS 格式两种，主要是用于将图形导入到文档中。这种格式与分辨率没有关系，几乎所有的图像、排版软件都支持 EPS 格式。

（8）SVG 格式。SVG 一种是可缩放的矢量图形格式。它是一种开放标准的矢量图形语言，用户可以直接用代码来描绘图像，可以用任何文字处理工具打开 SVG 图像，通过改变部分代码来使图像具有互交功能，并可以随时插入到 HTML 中通过浏览器来观看。它还可以任意放大显示，文字在 SVG 图像中保留可编辑和可搜寻的状态，没有字体的限制，生成的文件很小，下载很快，十分适合用于设计高分辨率的 Web 图形页面。

（9）CDR 格式。CDR 格式是著名绘图软件 Corel DRAW 的专用图形文件格式。由于 Corel DRAW 是矢量图形绘制软件，所以 CDR 可以记录文件的属性、位置和分页等。但它在兼容度上比较差，所有 CorelDRAW 应用程序中均能够使用，但其他图像编辑软件打不开此类文件。

（10）WMF 格式。WMF 格式是微软公司设计的一种矢量图形文件格式，广泛应用于 Windows 平台，几乎每个 Windows 下的应用软件都支持这种格式，是 Windows 下与设备无关的最好的格式之一。

4. 图像获取

通常情况下，图像素材可以通过数码相机拍摄、图像扫描、网络下载、光盘图库和屏幕抓图等方式获取。

（1）数码相机拍摄。数码相机是数字图像技术发展的产物。数码相机在传统相机的基础上采用电子芯片 CCD 或 CMOS 作为成像单元，将拍摄的景物以数字图像的方式存储在存储卡中，然后以数字信息的方式导出到计算机上进行浏览、处理或打印，也可以作为多媒体图像素材使用。数码相机叮以拍摄任何信息，由于其分辨率、精度等指标不断提高，价格越来越低，目前已成为获取图像的主流设备。

（2）图像扫描。对于使用胶片拍摄的照片或者已经出版的印刷品，如画报、画册、期刊杂志上的图像素材，将其转换成数字图像然后进一步编辑处理的图像获取方法称为图像扫描。

（3）网络下载。网络下载是获得各种多媒体素材的一个便捷途径。有很多图像素材网站提供图像下载功能，还可以通过搜索引擎如百度、谷歌等进行图片搜索。但网络下载多媒体素材时一定要注意知识产权问题，要了解该图像是否被授予使用权、是否需要注册等。

（4）光盘图库。光盘图像素材库的图像资料通常由专业人员创作完成，图像制作精美、分类索引、使用方便。

（5）屏幕抓图。在制作多媒体作品时，如需要将计算机显示屏上的窗口、对话框等内容截取成静态图像，可以通过按 Print Screen 键或者 Alt+Print Screen 组合键完成，还可以用屏幕捕获工具（如 Srmglt 软件、超级解霸等）捕获屏幕活动图像。

二、色彩基本知识

人们生活在一个多彩的世界里。白天，在阳光的照耀下，各种色彩争奇斗艳，并随着照射光的改变而变化无穷。但是在漆黑的夜晚，人们不但看不见物体的颜色，甚至连物体的外形也分不清。同样，在暗室里，人们什么色彩也感觉不到。这些事实说明没有光就没有色，光是人们感知色彩的必要条件，色彩来源于光。因此，物体的色彩不仅取决于物体本身，还与光源、周围环境的颜色，以及观察者的视觉系统有关系。

1. 色彩三要素

任何色彩都具有色相、明度、纯度这 3 种属性，也叫色彩三要素。色彩的三要素是确定色彩性质的基本标准。

（1）色相。色相是指能够比较确切表示某种颜色的名称，如玫瑰红、橘黄、普蓝等，色相是色彩的首要特征，是区别各种不同色彩的最准确的标准。

（2）明度。明度也叫亮度，即色彩的明暗深浅程度。色彩的明度有两种情况，一是颜色本身的明度，在所有彩色中，黄色的明度最高，紫色的明度最低，其他各色属于中间明度；二是某种颜色由于光照的强弱变化而产生的不同明暗变化。色彩的明度变化往往会影响到纯度，如红色加入黑色以后明度就会降低，同时纯度也降低了；如果红色加入白色则提高了明度，却降低了纯度。

（3）纯度。纯度即色彩所含的单色相饱和的程度，也称为饱和度。任何一个标准的纯色，一旦混入黑、白、灰色，色性纯度都会降低，混入越多色彩越灰。同一高纯度色彩在强光或弱光的照射下，色彩的纯度也会相应降低。

色彩的三要素是互相依存、互相影响的，很难明确分开。其中任何一个要素的改变都将引起色彩个性的变化。但它们之间又互相区别，具有独立意义，因此必须从概念上严格区分。

2. 三基色原理

三基色，也称三原色，是指红（R）、绿（G）、蓝（B）这三种颜色中的任意一种基色都不能由其他颜色混合产生，而其他色均可由这三色按照一定的比例混合出来，色彩学上将这三个独立的颜色称为三基色。

3. 颜色模式

图像的颜色模式就是指图像在显示及打印时定义颜色的方式。不同的颜色模式所定义的颜色范围不同，用法也不同。Photoshop 中主要的颜色模式有以下几种。

（1）RGB 颜色模式。RGB 模式基于自然界中三种基色的混合原理，将红、绿、蓝三种基色按照从 0（黑色）到 255（白色）的亮度值在每个色阶中分配，从而指定其色彩。当不同亮度的基色混合后，便会产生出 $256 \times 256 \times 256$ 种颜色，约为 1670 万种，这就是所谓的真彩色。当三种基色亮度值都为 255 时，产生纯白色；当三种基色亮度值都为 0 时，产生纯黑色。三种基色混合生成的颜色一般比原来的颜色亮度值高，所以 RGB 模式产生颜色的方法又被称为色光加色法。在 RGB 模式下处理图像很方便，而且 RGB 模式图像比 CMYK 模式图像要小得多，可以节省内存与空间。

RGB 模式是 Photoshop 中最常用的颜色模式之一，不管是扫描输入的图像，还是绘制的图像，几乎都是以 RGB 模式存储的。新建 Photoshop 图像的默认模式也为 RGB 模式。在 RGB 模式下可以使用 Photoshop 软件所有的命令和滤镜。

（2）CMYK 颜色模式。CMYK 在印刷中分别是青（Cyan）、品红（Magenta）、黄（Yellow）、黑（Black）四种颜色的油墨。CMYK 模式是一种颜料模式，所以它属于印刷模式，但本质上与 RGB 模式没有区别，只是产生颜色的方式不同。RGB 为相加混色模式，CMYK 为相减混色模式。RGB 模式是由光源发出的色光混合生成颜色，而打印机的油墨不能发出光线，只能由光线照到有不同比例 C、M、Y、K 油墨的纸上，部分光谱被吸收后，反射到人眼的光产生颜色。由于 C、M、Y、K 在混合成色时，随着 C、M、Y、K 这四种成分的增多，反射到人眼的光会越来越少，光线的亮度会越来越低，所以

CMYK 模式产生颜色的方法又被称为色光减色法。

在准备用印刷色打印图像时，应使用 CMYK 模式。将 RGB 图像转换为 CMYK 即产生分色。如果由 RGB 图像开始，最好先进行编辑，然后再转换为 CMYK。在 RGB 模式下，可以使用"校样设置"命令模拟 CMYK 转换后的效果，而无须真正更改图像数据。CMYK 模式的文件大需占用较多的存储空间。

（3）HSB 颜色模式。HSB 即色相（Hues）、饱和度（Saturation）、明度（Brightness）。HSB 色彩模式是根据日常生活中人眼的视觉特征而制定的一套色彩模式，最接近于人类对色彩辨认的思考方式。色相指从物体反射或透过物体传播的颜色。在 0～360°的标准色轮上，色相是按位置计量的。在通常的使用中，色相由颜色名称标识，比如红、橙或绿色。饱和度是指颜色的强度或纯度，用色相中灰色成分所占的比例来表示，0% 为纯灰色，100% 为完全饱和。在标准色轮上，从中心位置到边缘位置的饱和度是递增的。亮度是指颜色的相对明暗程度，通常将 0% 定义为黑色，100% 定义为白色。HSB 颜色模式比 RGB 模式和 CMYK 模式更容易理解。但由于设备的限制，在计算机屏幕上显示时，要转换为 RGB 模式，作为打印输出时，要转换为 CMYK 模式。这在一定程度上限制了 HSB 模式的使用。

（4）位图颜色模式。位图模式也称为黑白模式，只有黑色和白色两种颜色，它的每个像素都用一位分辨率来记录，因此在该模式下不能制出色调丰富的图像，只能制作一些黑白两色的图像。当要将一幅图像转换成黑白图像时，必须先将该图像转换成灰度模式图像，然后再将灰度模式图像转换成只有黑白两色的图像，即位图模式的图像。

（5）灰度颜色模式。灰度模式可以使用多达 256 级的灰度来表现图像，使图像的过渡更平滑细腻。灰度图像的每个像素有一个 0（黑色）到 255（白色）之间的亮度值。灰度值也可以用黑色油墨覆盖的百分比来表示（0% 为白色，100% 为黑色）。利用 256 种色调可以使黑白图像表现得更完美。

灰度模式的图像可以直接转换成位图模式的图像和 RGB 模式的彩色图像，同样黑白图像和彩色图像也可以直接转换为灰色图像。当 RGB 彩色图像转换为灰色图像时，将丢掉颜色信息，所以将 RGB 彩色图像转换为灰色图像，再由灰色图像转换为 RGB 图像时，显示出来的图像将不再是彩色的。

（6）Lab 颜色模式。Lab 模式是 Photoshop 内定的色彩模式，它主要在色彩模式转换时作为一个中间的过渡模式，而且它是在 Photoshop 后台进行的，通常不使用此模式。

为了在不同的场合正确输出图像，有时需要把图像从一种颜色模式转换为另一种颜色模式。这种颜色模式的转换有时会永久性地改变图像中的颜色值。由于有些颜色在转换后会损失部分颜色信息，因此在转换前最好为其保存一个备份文件，以便在必要时恢复图像。

三、Photoshop 概述

Adobe Photoshop 是由 Adobe 公司开发设计的一款集图像扫描、编辑修改、图像制作、广告创意、图像输入与输出于一体的图形图像处理软件，其用户界面友好，功能完善，性能稳定。在几乎所有的平面设计、广告、出版等领域，Photoshop 都是首选的平面工具。

Photoshop 作为最出名的图像处理软件之一，其功能强大，操作界面友好，已经被广泛应用于平面设计、图像编辑、广告、出版、动画、网页设计、多媒体制作和建筑设计等诸多领域，而且得到了广大第三方开发厂家的支持，深受广大平面设计人员和计算机美术爱好者的喜爱。

Photoshop 提供了相当简洁和自由的操作环境，从而使人们的工作游刃有余。从某种程度上来讲，Photoshop 本身就是一件经过精心雕琢的艺术品，更像为用户量身定做的衣服，刚开始使用不久就会觉得使用起来得心应手。但是 Photoshop 仍然是一款大型处理软件，不可能在朝夕之间用好它，只有长时间的学习和实际操作才能充分贴近它。

Photoshop 的应用领域很广泛，在图像、图形、文字、视频、出版各方面都有涉及。从功能上看，Photoshop 可分为图像编辑、图像合成、校色调色及特效制作几个部分。

图像编辑是图像处理的基础，可以对图像做各种变换，如放大、缩小、旋转、倾斜、镜像、透视等，也可进行复制、去除斑点、修补、修饰图像的残损等。这在婚纱摄影、人像处理制作中有非常广泛的用途。

图像合成则是将几幅图像通过图层操作、工具应用合成完整的，传达明确意义的图像，这是美术设计的必经之路。Photoshop 提供的绘图工具可以让外来图像与创意很好地融合，使图像的合成天衣无缝。

校色调色是 Photoshop 中常用的功能之一，可方便、快捷地对图像的颜色进行明暗、色偏的调整和校正，也可在不同颜色间进行切换以满足图像在不同方面的应用，如网页设计、印刷、多媒体等。

特效制作在 Photoshop 中主要由滤镜、通道及工具的综合应用来完成，包括图像的特效创意和特效字的制作，如油画、浮雕、石膏画、素描等常用的传统美术技巧都可借助 Photoshop 特效完成，而各种特效字的制作更是很多美术设计师热衷于 Photoshop 的原因。

第三节 动画制作技术

一、动画基础知识

自人类文明开始以来,人类就已经开始使用各种图像来记录物体动作和时间。图像除了给人以视觉美感,还能直观、详细地传达各种信息,但人们从未满足于静止简单的图像,还要求图像能模拟大自然影像的变化。动画就是"活"起来的图像。使用动画可以清楚地表现一个事件的过程,或是展现一个活灵活现的画面。随着计算机技术的高速发展,计算机图形学和艺术结合起来,产生了计算机动画。利用计算机可以生成各种逼真的动态虚拟影像和特技效果画面,给人们提供了一个充分展示想象力和艺术才能的新天地。近年来,随着计算机动画技术的迅速发展,计算机动画的应用领域日益扩大,带来的社会效益和经济效益也不断增长。计算机动画不仅应用于电影特技、动画片、计算机游戏等方面,还广泛应用于商业广告、电视片头、计算机辅助教育、科学计算可视化、军事、建筑设计、飞行模拟等领域,已经形成了一个巨大的产业,并有进一步壮大的趋势。

(一)动画

什么是动画呢?从中文词语结构来看,它有两种解释,一种是现代汉语的偏正结构,即画为中心词,动为状语,其意思为可以活动的画,另一种解释是古汉语中的使动用法,即使画片活动。两者的内涵似乎相近或相类似,都是指动态的"画"。

仅用中文字面含义或运动的图画来理解动画当然是不够的。在英文中常用两个词表达动画:一个是 Cartoon;另一个是 Animation。Animation 的词根为 Anima,意思是有生命的、活动的,引申为使某物活起来,所以 Animation 的含义为使原本不具有生命的事物获得像生命一般的活动。Cartoon 的词根是 Card,音译为"卡通",指的是在纸面上创作的画作,更接近人们常指的漫画。早期的动画主要是通过手工在纸上绘画,然后通过连续播放的方式呈现动态的画面,因此也称动画片为卡通片。

一般而言,Cartoon 特指以手绘形式完成的动画,是狭义上的动画概念;Animation 指所有以人工手段制作的动画形式,是广义上的动画概念。动画大师诺曼·麦克拉伦(Norman Mclaren)说:"动画不是'会动的画'的艺术,而是'画出来的运动'的艺术。"这里强调动画是通过人主观创作将原本没有生命(不活动)的东西,经过制作和放映成为有生命的(活动的)东西。

广义而言，就是把一些原先不活动的东西，经过制作与放映，变成会活动的影像，即为动画。"动画"的中文叫法应该说是源自日本。第二次世界大战前后，日本把在其国内流行的漫画作品称为"动画"。

韦伯斯特大词典对动画的解释是由一系列图画构成的运动图像，或对一组木偶、泥塑进行拍摄，并通过每幅图形的细微改变模拟目标物的动作。图画当然不会真的动起来，从科学的观点来看，人们之所以认为动画会动，是由于人类具有"视觉暂留"的特性，即人的眼睛看到一幅画或一个物体后，其映像在视网膜上保留 1/24s 而不会消失。利用这一视觉特性，在一幅画还没有消失前播放出下一幅画，就会给人一种连续的视觉变化效果。

因此，动画是利用人的视觉暂留特性，通过连续播放一系列静态的画面集合，给视觉造成连续变化的动态图像。

定义动画的方法，不在于使用的材质或创作的方式，而是作品是否符合动画的本质。时至今日，动画媒体已经包含了各种形式，但是无论何种形式，它们都具体有一些共同点，即其影像是以电影胶片、录像带或数字信息的方式逐格记录的。另外，影像的"动作"是被创造出来的幻觉，而不是原本就存在的。

（二）动画分类

1. 按表现形式分类

①二维动画：在二维空间中绘制的平面活动图画。

②三维动画：在三度空间中制作的立体化运动形体图画，又称 3D 动画。

2. 按制作技术和手段分类

（1）以手工绘制为主的传统二维动画。

传统二维动画是画家通过绘画方法来表现角色的每个动作来实现的，是一项十分艰巨的工作。一般情况下，一部 90min 的动画片，以每张动画拍摄 2 格计算，大约要绘制六万张图画，需要几十个画家工作一两年。如迪斯尼的《米老鼠和唐老鸭》《狮子王》《白雪公主》和中国的传统动画《小蝌蚪找妈妈》《天书奇谭》《大闹天宫》等，都是手工绘制的传统二维动画。

（2）以计算机制作方式为主的计算机动画。

为了摆脱繁重的手工动画制作，计算机便被应用于动画制作之中，从而产生了计算机动画。计算机动画是指采用图形与图像的处理技术，借助于编程或动画制作软件生成的一系列可连续播放的动态图像集合。

早期的动画制作系统主要以二维卡通动画设计为主，其出发点是利用形状插值和区域自动填色来完成全部或部分助理动画师的工作,从而提高卡通动画制作的效率。20世纪70年代后期,随着计算机图形学和硬件技术的发展,计算机造型技术和真实感图形绘制技术得到了长足的进步,出现了与卡通动画有本质区别的三维计算机动画。自20世纪80年代开始,市场上先后推出了多个三维动画软件,这些计算机动画系统以友好的界面提供给用户一系列生成各种动画和视觉效果的手段与工具,用户可组合使用这些工具来生成所需的各种运动和效果。例如,《汽车总动员》《怪物公司》《马达加斯加》等动画片就是以三维手段制作出来的。

(3)以黏土偶、木偶或混合材料为主要角色的定格动画。

定格动画是把角色的动作逐帧的分解开,并摆出相应的造型,通过逐帧拍摄的方法记录下来,将画面连续放映时,画面中的角色就如同活了一般,显现出丰富的动作。较典型的定格动画是《小鸡快跑》《圣诞夜惊魂》,木偶动画有《神笔马良》《阿凡提的故事》等。

(4)剪纸、皮影、提线木偶等其他艺术形式的动画。

剪纸、皮影、提线木偶这些动画形式有着浓重的中国特色,早在1958年,中国就有了第一部剪纸片《猪八戒吃西瓜》,1980年木偶与实拍结合电影《小铃铛》是当年卖座的大片。中国在20世纪60年代制作的水墨动画片《小蝌蚪找妈妈》和《牧笛》,更是形成了最有中国特色的艺术风格。

(三)计算机动画简介

计算机动画是指采用图形与图像的处理技术,借助于编程或动画制作软件生成的一系列可连续播放的动态图像。它在动画制作、影视制作、游戏制作等许多领域中被广泛应用,如今已经形成了一个巨大的产业。

1. 计算机动画的特点

动画虽然具有特别的艺术效果并且在众多领域中大有用武之地,但是由于传统制作方法的工作量巨大而受到了限制。随着计算机技术的快速发展、计算机动画的出现不仅逐步摆脱了繁重的手工动画制作,并且以其简便、高效、更具表现力的特点,得到了越来越广泛的应用。

传统的动画制作是一个非常复杂而费时的过程,如我国的52集动画连续剧《西游记》就绘制了100多万张原画、近2万张背景,共耗纸30吨,耗时整整5年。而在迪斯尼的动画大片《花木兰》中,一场匈奴大军厮杀的戏仅用了5张手绘士兵的图,计算机就变化出三四千个不同表情士兵作战的模样。《花木兰》人物设计总监表示,这部影片如果用传统的手绘方式来完成,以动画制片小组的人力,完成整部影片的时间可能由5年延长至20年,而且要拍摄出片中千军万马奔腾厮杀的场面，基本是不可能的。

计算机动画与手工动画相比有许多优越性。人们可以使用计算机进行角色设计、背景绘制、描线上色等常规工作，它具有操作方便、颜色一致、准确等特点，绝对不用担心颜料变质等问题。其绘图界线明确，不需晾干，不会串色，改色方便，更不会因层数增多而影响下层的颜色。

计算机动画还具有检查方便、保证质量、简化管理、提高生产效率、缩短制作周期等优点。现在很多重复劳动均可以借助计算机来完成，如计算机生成的图像可以复制、粘贴、翻转、放大、缩小、任意移位以及自动计算背景移动等，并且可以使用计算机对关键帧之间的过渡帧进行中间帧的计算。由于计算机的参与，动画制作过程中的工艺环节明显减少，不需通过胶片拍摄和冲印就能演示结果，检查问题，如有不妥可随时在计算机上改正，既方便又节省时间，从而降低了制作成本。

另外，由于动画软件提供了大量的图库，用户可将创建的造型、图画保存在图库中，以便今后重复利用。

但是，目前计算机在二维动画制作中仅起辅助作用，这是计算机很难弥补的缺点。它只能代替传统动画中重复性强、劳动量大的部分工作，代替不了人的创造性劳动。计算机不能根据剧本自动生成关键帧。正如前文所说，对生成关键帧之间复杂的中间帧，仍需要动画制作人员的帮助。

计算机三维动画的产生和发展使动画行业产生了质的飞跃。三维动画因为比平面图更直观，可以模拟极为真实的光影、材质、动感和空间效果，更能给观赏者以身临其境的感觉。尤其在20世纪80年代中后期，三维几何造型技术和真实感图形生成技术取得很大进展，促使计算机三维动画效果更加逼真化，应用领域更加广泛，如电影特技、复杂系统的动态模拟、机器人学、生物力学、科学计算可视化、建筑设计、飞行模拟等。动画行业也焕发出新的活力，形成了一个巨大的产业，并有进一步壮大的趋势。

2. 计算机动画的分类

计算机动画可分为二维动画和三维动画两种。二维动画是平面上的画面，可以在二维空间上模拟真实的三维空间效果。而三维动画则是具有正面、侧面和反面效果的动画，可通过调整三维空间的视点（主视图、侧视图、俯视图）看到不同的内容。

二维动画通常通过输入和编辑关键帧，计算和生成中间帧，定义和显示运动路径，画面上色，产生特技效果，实现画面与声音同步，并控制运动系列的记录等方法来生成。

三维动画是根据数据在计算机内部生成的。制作三维动画首先要创建物体模型，然后让这些物体在三维空间产生运动，如移动、旋转、变形、变色等，再通过灯光效果设置等生成栩栩如生的画面。

3. 制作计算机动画的主要步骤

计算机动画采用图形与图像的处理技术，借助于编程或动画制作软件生成一系列的景物画面，其中后一帧是前一帧的部分修改。动画是运动中的艺术，正如动画大师约翰·哈拉斯（John Halas）所讲的，运动是动画的要素。一般来说，计算机动画中的运动包括景物位置、方向、大小和形状的变化，虚拟摄像机的运动，景物表面纹理、色彩的变化。计算机动画所生成的是一个虚拟的世界，虚拟景物并不需要真正去建造，物体、虚拟摄像机的运动也不会受到限制，动画师可以进行自由创作。计算机动画的制作主要包含以下步骤。

①创意，根据设计的需要，由导演设计好动画制作的脚本。
②预处理，扫描外部图像，输入外部资料。
③场景造型。
④设定材质和光源。
⑤设置动画。
⑥运动图像的绘制。
⑦动画播放。
⑧后期处理。
⑨动画的录制。
⑩配音（包括背景音乐和台词）。

（四）常用动画制作软件

动画制作软件数量繁多，按表现形式可分为两大类，即二维和三维动画制作软件。常见的二维动画制作软件有 Flash、Softimage|TOONZ 等，而三维动画制作软件有 Ulead Cool 3D、3DSMAX、MAYA、Sumatra 等。下面来介绍几种常用的动画制作软件。

① Flash 是 Macromedia 公司出品的一款功能强大的二维动画制作软件，是目前最流行的 Web 动画制作软件之一，在网页制作、媒体教学、游戏等领域也有广泛的应用。它采用时间线的模式，主要元素有场景、图层、组件三个部分。各图层中的组件排列在不同的场景中，按照一定的时间顺序出现，相当于舞台上不同演员的登台亮相，可以按用户的意愿任意安排。Flash 中的每一帧表示舞台上某一时刻的具体内容，可以理解为内容的一页 Flash 中的

图层不受限制，帧也不受限制，而且 Flash 中的逐帧动画、补间动画、引导动画、遮罩动画以及 Actions Script 窗口的高级控制的相互配合，可以创建出非常复杂而生动的动画。

Flash 是一种基于"流"技术、交互式、支持矢量图形格式的动画。这种文件格式是专门为网站而设计的。"流"动画可以边下载边播放，而不需要全部下载完毕才播放，好像一条河流，源源不断地从服务器端"流"向访问的客户端，用户根本感觉不到文件的传输。另外，Flash 采用矢量图形来描述画面，能做到真正的无级放大而不失真。

② Softimage|TOONZ 是世界上最优秀的卡通动画制作软件系统之一，它可以运行于 SG 超级工作站的 IRIX 平台和 PC 的 Windows NT 平台上，被广泛应用于卡通动画系列片、音乐片、教育片、商业广告片等多媒体中的卡通动画制作。

TOONZ 可利用扫描仪将动画师所绘的铅笔稿以数字方式输入到计算机中，然后对画稿进行线条处理、检测画稿、拼接背景图、配置调色板、画稿上色、建立摄影表、上色的画稿与背景合成、增加特殊效果、合成预演以及最终图像生成。它可利用不同的输出设备将结果输出到录像带、电影胶片、高清晰度电视以及其他视觉媒体上。

TOONZ 可使动画工作者既保持原来所熟悉的工作流程，又保持具有个性的艺术风格，同时省去了上万张人工上色的繁重劳动，避免用照相机进行重拍的重复劳动和胶片的浪费，获得了实时的预演效果，流畅的合作方式以及快速达到所需的高质量水准。

③ Ulead Cool 3D 是由友立（Ulead）公司出品的一款专门用作三维文字动态效果的文字动画软件，主要用作制作影视字幕和界面标题。这款软件操作简单，采用模板式操作，使用者可以直接从软件的模板库里调用动画模板来制作文字三维动画，只需先用键盘输入文字，再通过模板库挑选合适的文字类型，选好之后双击即可应用效果，同样文字的动画路径和动画样式也可从模板库中进行选择，十分简单。

④ 3DS MAX 是欧特克（Autodesk）公司出品的一款功能强大的三维动画制作软件，可用于影视广告、室内外设计等领域。它的光线、色彩渲染功能非常出色，造型丰富细腻，跟其他软件相配合可产生很专业的三维动画制作效果。这款软件采用的是关键帧的操作概念，通过起始帧和结束帧的设置，自动生成中间帧的动画过程，使用很广泛。

在应用范围方面，拥有强大功能的 3DS MAX 被广泛应用于电视及娱乐业中，如片头动画和视频游戏的制作。3DS MAX 在影视特效方面也有一定的应用。而在国内发展的相对比较成熟的建筑效果图和建筑动画制作中，3DS MAX 的使用率更是占据了绝对优势。根据不同行业的应用特点对 3DS MAX 的掌握程度也有不同的要求。在建筑方面的应用要求相对简单，它只要求单帧的渲染效果和环境效果，而片头动画和视频游戏应用中动画占的比例很大，特别是视频游戏对角色动画的要求更高，影视特效方面的应用则把 3DS MAX 的功能发挥到了极致。

⑤ MAYA 是 Autodesk 公司出品的三维动画制作软件，对计算机的硬件配置要求比较高，所以一般都在专业工作站上使用，但随着个人计算机性能的提高，个人使用者也逐渐多了起来。Maya 软件主要分为动画（Animation）、建模（Modeling）、渲染（Rendering）、动力学（Dynamics）、对位模块（Live）、衣服（Cloth）6 个模块。

MAYA 有许多突出的功能，如完整的建模系统、强大的程序纹理材质和粒子系统、出色的角色动画系统以及 MEL 脚本语言等。MAYA 的每次升级都带来全新的功能，所以成就了许多影视大片的视觉特效，目前许多国内的影视公司也在使用 MAYA 制作项目。

⑥ Sumatra 的前身是老牌的三维软件 Softimage，以前只被专业人士应用在工作站上。它的功能与 MAYA 不相上下，拥有真实的程序纹理材质，强大的动画编辑能力和出色的渲染效果，著名的三维动画片《玩具总动员》就是用它来制作完成的。不过它在国内应用的较少，交流起来也不是很方便，而且它对硬件的要求相对来说也较高。

二、Flash 概述

Flash 是一款非常优秀的动画制作软件，它具有跨平台、高品质、体积小等特征，并可嵌入位图、文本、声音和视频，而且具有强大的交互功能，成为许多网页设计师和动画制作者的第一选择。

（一）软件简介

二维矢量动画制作软件 Flash 是美国 Macromedia 公司推出的专门用于网站设计的、交互式矢量动画制作软件，全称为 MacromediaFlash（现已被 Adobe 公司收购，更名为 AdobeFlash）。它与该公司的 Dreamweaver（网页设计）和 Fireworks（图像处理）并称为网页制作"三剑客"，而 Flash 则被誉为"闪客"。

在 Flash 出现之前，精彩的动画往往由于占用带宽过大而不能在互联网中很好地播放。考虑带宽的问题，网络动画迫切需要找到一种比标准的 GIF

动画格式更灵活、体积更小的替代方法。而矢量基准可以在一定程度上解决这个问题，因此基于矢量标准的 Flash 一经推出就在互联网中得到广泛的应用。

1. Flash 的特点

（1）采用矢量图像技术。在 Flash 中，各图像元素均为矢量，因此只用少量的数据就可以描述一个复杂的对象，从而大大减小了动画文件的体积。而且矢量图像还有一个优点，就是可以真正做到画面的无级放大和缩小，而不会有任何失真。

（2）采用过渡变形制作技术。传统动画为逐帧动画，由一系列的帧（画面）按顺序排列组成，其中后一帧是前一帧的部分修改。而 Flash 动画采用了过渡变形制作技术，只需制作出动画序列中的第一帧和最后一帧（称为关键帧），中间的过渡帧可通过 Flash 计算自动生成。这样不但可以大大减少动画制作的工作量，缩减动画文件的体积，而且过渡效果非常平滑。过渡变形动画也称为补间动画、补帧动画，或渐变动画。

（3）采用流媒体技术。简单地说，也就是边下载边播放的技术，不用等整个动画下载完成，就可以开始播放，大大减少了动画在传输中的等待时间。

（4）具有交互性。Flash 动画与其他电影的一个基本区别就是具有交互性。所谓交互就是通过使用键盘、鼠标等工具，可以在作品各个部分跳转，使用户参与其中。

Flash 的交互是通过 Action Script 实现的。Action Script 是 Flash 的脚本语言。使用 Action Script 可以控制 Flash 电影中的对象、创建导航和交互元素，制作出非常完整且独具魅力的作品。

（5）在浏览器中采用插件来播放。

网页中 Flash 动画在浏览器中浏览是利用一个名为 Shockwaveflash 的插件来播放的。用 Flash 生成名为 Flash 影片的程序文件，体积很小，可用先安装在浏览器中的插件来播放，就能够解决互联网中的传输问题，所以比其他动画格式更灵活。但这对网页中的 Flash 动画浏览有所限制，即如果没有在浏览器中安装 Shockwaveflash 就不能正常播放 Flash 动画。

在浏览器之外也需专用播放器来播放，但这并没有影响 Flash 动画的广泛应用。

2. Flash 的缺点

（1）矢量图形的局限。虽然矢量图形具有文件体积小、无级放大而不失真等许多优点，但也有其局限性，如画面色彩单调，不能表现色彩丰富而自然的景象。如果采用位图图像,就会使文件体积增大,无法体现 Flash 的优势。

(2)制作较为复杂的动画有难度。Flash 的优势是能很容易制作过渡变形、交互性的二维动画,而表现复杂烦琐的动作不是 Flash 的特长,如造型比较写实的旋转动作必须采用逐帧动画。

(3)不利于搜索引擎的检索。Flash 动画主要应用在互联网中,但 Flash 动画表现的信息内容不宜被搜索引擎所识别,不利于搜索引擎对网站的收录和检索。

(4)制作成本高。Flash 动画制作周期长,开发费高,不利于网站内容的维护和更新。

(二)基本功能

Flash 的三大基本功能是整个 Flash 动画设计应用的基础。作为 Flash 动画的初学者,主要是对三大基本功能的学习和应用。

1. 绘制和编辑图形

在 Flash 动画的制作过程中,会大量运用矢量图形。虽然有一系列功能强大的专门矢量图形制作软件,如 Corel 公司的 CorelDRAW 软件、Macromedia 公司的 FreeHand 软件和 Adobe 公司的 Illustrator 软件等,而运用 Flash 自身的矢量绘图功能将会更方便,更快捷。

Flash 工具箱中提供了各种工具来绘制矢量图形(如各种形状、线条和路径),并提供缩放、倾斜、旋转等变形操作,也提供了丰富的颜色工具对封闭区域进行填充,可方便快捷地绘制出各种素材。

2. 补间动画

补间动画是整个 Flash 动画设计的核心,也是计算机动画过渡变形制作技术的主要体现。Flash 虽然也提供了逐帧动画制作的功能,但是,逐帧动画的每一帧都需要人工绘画,无法体现计算机动画的优点,而补间动画只需制作出动画序列中的起点帧和终点帧(称为关键帧),中间的过渡帧便可由 Flash 计算自动生成,大大减少了动画制作的工作量,充分体现了计算机动画的优点。

3. 引导和遮罩动画

引导动画是 Flash 动画制作中常用的一项功能,通过它可以定义某一对象复杂的运动路径;遮罩类似于 Photoshop 中的图层蒙版,但它是一种运动的蒙版。

引导和遮罩动画的原理非常简单,且其实现的方式多种多样,特别是和补间动画以及影片剪辑元件结合起来之后，可以创建更多丰富多彩的动画效果。

（三）Flash 基本要素

动画制作与电影制作过程非常相似，有时间、地点、人物和事件等基本要素，Flash 的要素与电影舞台的基本要素相对应。

①时间——时间轴上的帧。
②地点——时间轴上不同的层、舞台。
③人物——图形物体，包括分离图形、群组、元件（实例）等。
④事件——动画内容的各种动作，或是动画所表现的内容。

三、Flash 中的图形物体、帧与层

（一）图形物体

动画基本要素中最重要的是人物，在电影俗语中称为角色，电影中的角色主要是根据它们所担当任务的不同来定义的。Flash 动画中的人物——图形物体，即分离图形、群组和元件，它们在动画中也扮演着不同的角色。

①分离图形：用于制作形状补间（形状渐变）动画。
②群组：用于制作动作补间（运动渐变）动画。
③元件：是制作动作补间（运动渐变）动画的主要人物，是主角。

1. 分离图形

采用绘图工具直接绘制而成的线条和填充形状称为分离图形，其特点是作为分散的物体，而不是作为一个整体，它在补间动画中只能制作形状补间动画。

2. 群组

如果把分离图形作为一个整体，即整体化的分离图形称为群组，它只用于制作动作补间动画。选取分离图形后，执行"修改组合"命令，选取的分离图形就变为一个群组。群组被选取后的特征是出现选取方框。选取一个群组后，执行"修改"与"取消组合"命令，群组便转换成分离图形。可见群组与分离图形是整体和分散的关系，两者所能制作的补间动画却有很大的差别。

使用工具箱中的文字工具输入文字是一种特殊的群组。当选取群组的文字后，执行"修改分离"命令，群组的文字便转换为分离图形；分离后的文字不能还原为原来的文字，不能进行文本编辑，但可以作为图形进行编辑。

3. 元件

元件是存放在库中可以反复使用的图形、按钮、影片（动画片段）或声音等组件。将元件从库中取出，拖放到工作区或舞台上，就生成了该元件的一个实例。元件相当于一种标志，真正在舞台上表演的是它的实例，而元件本身仍安居于库中。一个元件可以反复使用多次。使用元件可以减小动画文件的体积，因为不管创建了多少实例，文件只存储它的一个副本。

（二）帧

在时间轴的横轴上有许多小方格，每隔5个小方格就用数字进行标示，每一个小方格就是一个帧。帧内包含着动画的内容，包括各种图形物体、声音及其他对象。

1. 帧的基本概念

计算机动画采用图形图像的处理技术，借助编程或动画制作软件生成一系列的景物画面，并按一定的速度连续播放实现动画效果，某一时刻的画面就是一帧。像电影是由一格格的胶片组成的一样，Flash动画是由一个个的帧构成的。制作和编辑动画实际上就是对连续的帧进行操作的过程。帧是Flash动画制作最基本的单位。

2. 帧的分类

（1）关键帧。制作动画有两种方式：一种是逐帧动画，另一种是渐变（补间）动画。在逐侦动画中，需要在每帧创建一个不同的画面，连续的帧组合成连续变化的画面；而渐变动画只需确定动画起点帧和终点帧的画面，中间部分的渐变画面则由Flash自动生成。制作动画的过程中，在某一时刻需要定义物体的某种新状态，这个时刻所对应的帧称为关键帧。关键帧是变化的关键节点，如渐变动画的起点和终点，逐帧动画的每一帧，都是关键帧。因此，关键帧是用来定义动画变化、更改层状态的帧，但关键帧数目越多，文件体积就越大，因而同样内容的动画，逐帧动画的体积比渐变动画大得多。

（2）空白关键帧。时间轴上所有的关键帧都有一个实心的小圆圈，表示该关键帧内有图形物体等内容。如果关键帧内没有内容，时间轴上的关键帧便变为空心的小圆圈，即空白关键帧。每层的第一帧默认为一个空白关键帧，可以在上面创建内容，使其变成关键帧。

（3）普通帧。除了关键帧外，时间轴上还有其他一个个的帧格，这就是普通帧，习惯上称为帧。普通帧内不含有任何图形物体等画面内容，但有的能显示前面关键帧的画面。普通帧的内容由 Flash 自动生成，所有显示的图形物体都不能进行编辑。常见的普通帧又有以下几种，它们以不同的颜色代表不同的作用。

①空帧：无任何画面显示的帧，时间轴上的空帧以竖细线分隔。

②静止帧：是前一个关键帧的延续，显示了前一个关键帧的画面。只要在关键帧的后面添加一些静止帧，就可使该关键帧的内容延续下去。普通静止帧显示为灰色方格，空白关键帧后面的静止帧显示为白色方格，静止帧间没有分隔线。

③过渡帧：如果设置了补间动画，起点关键帧与终点关键帧之间的帧的内容则由 Flash 自动生成，这些帧称为过渡帧。过渡帧中间有一个箭头，由起点关键帧指向终点关键帧，表示起点关键帧内的图形物体向终点关键帧的图形物体逐渐产生变化，也就是产生补间（渐变）动画。如果不是一个箭头而是点画线，则表示产生错误的补间动画。过渡帧有两种颜色，一种为浅绿色，表示产生形状渐变动画；另一种为浅蓝色，表示产生运动渐变动画。

3. 帧的基本操作

在 Flash 中，对帧的操作实际上是对动画的制作。关于帧的基本操作有插入关键帧、插入空白关键帧、清除关键帧、转换为关键帧、转换为空白关键帧、插入帧、清除帧等。

（三）层

层就像一叠透明的胶片，每张胶片上存放着不同的物体。这些胶片叠放在一起，组成一个完整的画面。每一个层之间相互独立，都有自己的时间轴，包含自己独立的多个帧，而不受其他层上图形的影响，因此，层在 Flash 动画制作中最重要的作用就是采用不同的层将不同的运动物体隔离开来，以免物体间相互影响。另外，层与层之间又有关联，如引导层和遮罩层，利用这些层的技术可以实现丰富多彩的动画效果。时间轴的层和帧不仅是 Flash 将动画在时间和空间上组织起来的方法，更是实现复杂动画效果的技术。

四、Flash 基本动画制作

Flash 中的基本动画主要是指没有交互功能的动画，即仅完成基本动作，不需要采用 Actions Script 脚本语言进行编程。下面通过实例来进一步学习 Flash 基本动画的制作。

根据帧的制作方法和生成原理基本动画可分为以下几类。

（1）逐帧动画。逐帧动画由相对连续的关键帧组成，每个关键帧都是由制作者绘制、编辑、加工而成的。它比较适合于制作复杂的动画，尤其是当一个图形在每帧上都有变化，但不是简单的运动变化时。逐帧动画的工作量十分庞大，无法体现计算机动画的优点，随着关键帧的增多文件体积也会迅速增加，所以实际中较少采用。

（2）补间动画。补间动画充分体现了计算机动画的优点，只需定义某个动作的起点和终点关键帧，两个关键帧之间的帧则由 Flash 自动创建，即自动生成过渡帧，形成逐渐变化的动画。补间动画中 Flash 只需存储过渡帧的变化值，不是逐个存储每个帧，因此生成的动画文件体积小，是一种较有效的动画制作方式。补间动画也被称为补帧动画或渐变动画。根据图形物体变化效果的不同，补间动画又分形状补间和动作补间动画两种。

①形状补间动画是表现一个分离物体到另一个分离物体的变化，最主要的动作效果是形状的变化。

②动作补间动画是表现一个群组或元件的一个状态到另一个状态的变化，最主要的动作效果是位置的变化。

根据层的应用技术基本动画可分为引导动画和遮罩动画。

（1）引导动画。引导动画提供了一种让图形物体按预先设定好的路线进行运动的方法，可以完成各种具有复杂运动路线的动画。

（2）遮罩动画。遮罩动画提供了一种有选择地显示图层的某些部分或其下图层的简单方法。用户可以将多个层组合放在一个遮罩层下，以创建多样的效果。

以下对各类动画进行介绍。

（一）逐帧动画

逐帧动画就是在时间轴上按顺序为每一帧都插入一个关键帧，并且要求相邻两帧的图形物体差别要很小。所以，逐帧动画是由一帧一帧的画面构成的，其原理是在"连续的关键帧"中分解动画动作。因为它与电影播放模式相似，很适合表演细腻的动画，如 3D 效果、人物或动物急剧转身等效果。对于要求较高的影片，逐帧动画更能发挥出其独特的作用。

但逐帧动画也存在明显的缺点，逐帧动画中的图片大部分是由手工绘制或者外部导入的，除了消耗大量的时间之外，还会随关键帧的增多而迅速增加文件的体积，无法体现计算机动画的优点，因此在一般情况下较少采用这种方式制作动画。

（二）形状补间动画

形状补间（形状渐变）动画是一个分离物体变化到另一个分离物体的过程，其中包含形状、颜色、大小、位置等变化，但最主要的动作效果是形状的变化。形状补间动画制作时应注意如下要点。

（1）形状补间的对象是分离图形。只有分离图形才能制作形状补间动画，所以起点和终点关键帧只能含有分离图形，不能含有群组、元件和文字等图形物体。如果需要将群组、元件和文字进行形状补间动画制作，必须经过"分离"或"取消组合"操作转换为分离图形。

（2）形状补间是一个物体变化到另一个物体的变化。一般情况，起点关键帧装载一个分离图形，终点关键帧装载另一个分离图形，不能存放多余的图形物体。

①如果需要在动画中显示其他图形物体，必须放在别的层中。

②如果在某一帧处有多个物体同时进行多种变形，就必须把它们放在不同的层上分别变形。

1. 动画描述

在舞台的左上部、中下部和右上部分别绘制一个圆形、方形和三角形，完成一个由圆形变化为方形，再从方形变化成三角形的动画。

2. 动画设计

建立三个关键帧，分别放置三个分离图形，在第一和第二关键帧处设置形状补间。

（三）动作补间动画

动作补间动画又称为运动渐变，是一个物体的一个状态变化到另一个状态的过程，包含位置、大小、颜色、透明度、角度等变化，但最主要的动作效果是位置的变化。动作补间动画制作时应注意如下要点。

（1）动作补间的对象是元件、群组和文本块。只有元件、群组和文本块才能产生动作补间，分离图形不能发生动作补间，除非将它转换成元件或群组。

（2）动作补间只对单一的物体有效。动作补间是针对某一层上的单一元件、群组和文本块而言的，是一个物体的状态变化。如果想让多个物体一起变化,必须将它们分别放在不同的层上,分别产生动作补间。

动作补间中的透明度渐变只适用于元件。

动作补间可以是位移、缩放、旋转或扭曲变形,还可以是颜色透明度的渐变,或是淡入淡出。但颜色透明度的渐变只适用于元件,群组和文字必须转换为元件后才能使用此效果。

1. 动画描述

淡入淡出是表现物体由远到近、再由近到远效果变化的动画。动画的主要效果是物体从几乎透明的状态慢慢变清晰,停留一段时间后又慢慢变为透明。

2. 动画设计

建立一个元件作为动画对象。建立四个关键帧,前两个完成"淡入"效果,后两个完成"淡出"效果。

(四)引导动画

引导动画是物体按预先设定好的路线进行运动(动作补间)的过程。预先设定的路线称为引导线,引导线所在的层称为引导层。引导动画由引导层和被引导层组成,引导层就位于被引导层的上方,在引导层中可绘制引导线,它只对物体运动起引导作用,在最终效果中不会显示出来。引导动画制作应注意如下要点。

①引导线必须是分离图形,而且是连续的线条构成,线条不能分段。
②编辑动画完成后,最后要隐藏引导层。
③可以有多个被引导层与一个引导层相关联。
④被引导层是物体做动作补间的场所,因此一个被引导层的某个关键帧中只能有一个群组或元件。

1. 动画描述

先利用引导线描绘斜抛皮球运动的轨迹,然后让皮球按引导线做动作补间。

2. 动画设计

建立两个层,即一个为引导层,另一个为被引导层。引导层内放置描绘斜抛皮球运动的引导线,被引导层内制作皮球进行动作补间的动画,最后把皮球的中心放到引导线上。

第四节 视频处理技术

一、视频基础知识

（一）视频概述

1. 视频的定义

视频是指随时间动态变化的一组图像，即由连续拍摄的一系列静止图像组成。一幅图像在视频中称为一帧，帧是构成动态图像的基本单元。根据人的视觉暂留现象，连续的图像变化每秒超过24帧画面时，人眼是无法辨别单幅静态画面的，因此视觉效果看上去是平滑连续的。在计算机中，当序列中每帧图像是由人工或计算机产生的图像时，常称为动画；当序列中每帧图像是通过实时摄取自然景象或活动对象时，常称为影像视频，或简称为视频。影像视频演示常常与音频媒体配合进行，共同呈现动态的视觉和听觉效果，两者的共同基础是时间连续性。一般谈到视频时，往往也包含音频媒体。

在多媒体应用系统中，视频以其直观和生动等特点得到了广泛的应用。计算机的数字视频是基于数字技术的图像显示标准，它能将模拟视频信号输入计算机进行数字化视频编辑制成数字视频。

2. 视频的分类

视频信号按处理方式的不同分为模拟视频信号和数字视频信号两大类。

（1）模拟视频信号。模拟视频信号是一种传输图像和声音，并且随时间连续变化的电信号。换句话说就是每一帧图像是实时获取的自然景物的真实图像信号。它的特点是以模拟电信号的形式来记录，依靠模拟调幅的手段在空间传播，使用磁带录像机将模拟信号记录在磁带上。它的主要缺点是信号在传输的过程中抗干扰性差，时间长了图像质量会降低，多次复制信号会有失真。

（2）数字视频信号。数字视频信号是一系列数字化图像序列随时间变化组成的，是利用计算机将一系列的静态影像以电信号的方式加以捕捉、记录、处理、储存、传送与重现。数字视频的特点是能长期保存，多次复制不失真，信号在传输过程中不受距离限制，抗干扰性好等。数字视频最大的优点是能在计算机中利用视频编辑软件进行创造性的非线性编辑，制作出多彩多样的特殊效果。

要利用计算机处理视频信息，就必须将模拟视频信号转换成计算机能够处理的数据信号。数据化的过程包括采样、量化和编码。

3. 视频常用术语

（1）帧。人们通常看到的电视、电影或其他视频节目，其实都是由一系列单个图片构成的，将这些连续的画面高速播放，相邻图片画面之间的差别很小，由于人眼视觉的暂留特性，所以感觉图像是动态的且运动流畅，这些连续的图片每一张就被称为一帧。

（2）帧长宽比。该术语是指影片画面图像的长度和宽度比。常见的电视格式为标准的 4 : 3 和宽屏的 16 : 9。帧长宽比由像素宽高比和水平/垂直分辨率共同决定，不同制式、不同格式使用不同的像素宽高比，如 D1/DVNTSC 的像素宽高比为 0.9，D1/DVPAL 的像素宽高比为 1.07，D1/DVPAL 宽屏的像素宽高比为 1.42。因此，帧长宽比等于像素宽高比与水平/垂直分辨率比之积。

（3）帧频。帧频为每秒放映或显示的图像数。根据人眼的特点应大于 24 帧/秒。

（4）场。电视机由于受到信号宽带的限制，是以隔行扫描的方式来显示图像的，这种扫描方式将一幅完整的图像按水平方向分成很多细小的行，通过两次扫描来交错显示奇数行和偶数行，每扫描一次称为一"场"，两个场合并为一帧。也就是说，在电视上出现的画面并不是完整的，实际上是半帧图像，由于扫描速度很快和人眼的视觉暂留特性，人们看到的图像经过视觉处理之后就是完整的，但闪烁的现象还是可以感觉到的。当视频素材含有交错场时，就可以使用 Premiere 这类的视频处理软件来分离这些交错场，分离场在应用动画和滤镜效果时能最大限度保证画面质量。

（5）场频。场频为每秒扫描的场数。在进行隔行扫描时，场频是帧频的两倍。

（6）扫描方式。电视图像可采取逐行扫描或隔行扫描两种方式，若采用隔行扫描，则先扫描奇数行，再扫描偶数行，这样一帧画面要分两场扫描完毕。

（7）行频。每秒扫描的行数。电视 PAL 制式采用每帧电视 625 行扫描，高清的 1120 行扫描。

4. 视频制式标准

不同国家由于对电视信号细节的处理不同，产生了不同的视频制式标准。目前国际上使用的彩色电视广播制式主要有 NTSC 制式、PAL 制式、SECAM 制式三种。

（1）NTSC 制式，即正交平衡调幅制，是美国国家电视标准委员会于 1953 年制定的彩色电视广播标准。它解决了彩色和黑白电视广播相互兼容的问题，但存在相位易失真、色彩欠稳定的缺点。NTSC 采用 YIQ 色彩模型（Y 表示亮度，I 和 Q 表示色差），隔行扫描，帧频为 29.97 帧/秒，场频为 60 场/秒，每帧图像有 525 行扫描线。应用的国家有美国、加拿大、日本、韩国、菲律宾等。

（2）PAL 制式，即逐行倒相正交平衡调幅制，是德国 1962 年制定的彩色电视广播标准，是为了克服 NTSC 制式对相位失真的敏感性而设立的标准。它对同时传送的两个色差信号中的一个采用逐行倒相，另一个进行正交调制，这样，如果在信号传输过程中发生相位失真，由于相邻两行信号的相位相反起到互补的作用，从而能有效克服因相位失真而引起的色彩变化。但 PAL 的编码器和解码器都比 NTSC 复杂，信号处理也较麻烦。PAL 采用 YUV 色彩模型，隔行扫描，帧频为 25 帧/秒，场频为 50 场/秒，每帧图像有 625 行扫描线。应用的国家有德国、英国、中国、朝鲜、新加坡、澳大利亚等。

（3）SECAM 制式，即按顺序传送彩色和存储制，是法国 1966 年制定的彩色电视广播标准。它在信号传输过程中，亮度信号每行都传送，而两个色差信号则是逐行依次传送的，即用行错开传输时间的办法来避免同时传输时所产生的窜色而造成的色彩失真。SECAM 制式的特点是抗干扰性强，彩色效果好，兼容性稍差。SECAM 和 PAL 类似，采用 YUV 色彩模型，隔行扫描，帧频为 25 帧/秒，场频为 50 场/秒，每帧图像有 625 行扫描线。不同的是 SECAM 中的色差信号是频率调制，SECAM 应用的国家有法国、埃及、俄罗斯等。

5. 常用视频文件格式与转换

（1）AVI 文件格式。

AVI（音频视频交错）是微软公司推出的视频格式，采用将视频信息与音频信息相互交错存储的压缩编码方式。是目前主流的视频文件，文件的扩展名为".AVI"。这种视频格式的优点是图像质量好，能嵌入到任何支持对象链接与嵌入的 Windows 应用程序中；缺点是数据量大。因 AVI 文件没有规定压缩标准，因此用不同压缩算法生成的 AVI 文件，必须使用相应的解压缩算法才能播放。

大部分视频播放器都支持 AVI 文件，如 WindowsMediaPlayer、豪杰超级解霸和 RealPlayer 等。用户可以开发自己的 AVI 视频文件并可在 Windows 环境下随时调用。

AVI 文件目前主要应用在教育软件、游戏的片头及多媒体光盘上，用来保存电影、电视等各种影像信息，有时也出现在互联网上，供用户下载、欣赏新影片的精彩片断。

（2）MOV 文件格式。

Quick Time 的 MOV 格式是苹果公司开发的一种音频、视频文件格式，文件的扩展名为".mov"。自国际标准化组织（ISO）选择 Quick Time 文件格式作为开发 MPEG-4 规范的统一数字媒体存储格式以来，MOV 文件就以".MPG"或".MP4"为其扩展名，并采用了 MPEG-4 压缩算法。Quick Time 支持 RLE、JPEG 等压缩技术，提供 150 多种视频效果，并提供了 200 多种 MIDI 兼容音响和设备的声音装置。

Quick Time 以其领先的多媒体技术和跨平台特性、较小的存储空间要求、技术细节的独立性以及系统的高度开放性等特点，成为目前数字媒体软件技术领域中事实上的工业标准。

（3）MPEG 文件格式。

MPEG 是运动图像压缩算法的国际标准，它采用有损压缩的方法减少了运动图像中的冗余信息，同时保证 30 帧/秒的图像动态刷新率。MPEG 包含了 MPEG-1、MPEG-2 和 MPEG-4 在内的多种视频格式，如 VCD 制作就是采用 MPEG-1 格式压缩，这种视频格式文件的扩展名包括".MPG"".MPE"".MPEG"及 VCD 光盘中的".DAT"文件。MPEG-2 采用可变速率压缩技术，能够根据动态画面的复杂程度，适时改变数据传输率以获得较好的编码效果，如 DVD 就是采用了这种技术。经过 MPEG-4 编码优化处理后的文件，压缩率更高、清晰度更好，这种视频格式文件的扩展名包括".MSF"".MOV"等。目前多数的视频播放软件都支持 MPEG 文件格式。

（5）WMV

WMV 格式是微软推出的一种流媒体格式，是以独立编码方式，并可以直接在网络上实时观看视频节目的文件压缩格式。WMV 视频格式的主要特点是能实现本地或网络回放，支持可扩充的、可伸缩的媒体类型，支持多语言，环境独立性好，流间关系丰富以及扩展性好等。

（二）视频编辑基本流程

任何非线性编辑的工作流程都可以看成是输入、编辑、输出这三个步骤。以 Premiere 为例，其制作流程主要分为如下五个步骤。

1. 素材采集与输入

采集就是利用 Premiere 将模拟视频、音频信号转换成数字信号存储到计算机中，或者将外部的数字视频存储到计算机中，成为可以处理的素材。

输入主要是把其他软件处理过的视频、图像、声音等导入到 Premiere 中。

2. 素材编辑

素材编辑就是对素材设置出入点，增、删、倒、延等镜头的基本编辑操作，然后按时间顺序组接不同素材的过程。这一阶段的编辑常常也称粗剪过程。

3. 特技处理

该处理包括调整画面的节奏、控制每个画面的时间长短、添加特效等处理。特技处理常常也是精编过程。特技处理包含了视频和声音。视频素材的特技处理包括转场、特效、合成叠加，音频素材的特技处理包括转场、音效。令人震撼的画面效果就是在这一过程中产生的。

4. 字幕制作

字幕是视频作品中画面和声音的补充与延伸，它不但具有配合、说明、强调、渲染、美化的作用，而且还可起到画龙点睛的作用，特别是片头、片尾显示编剧、导演、演员表等字幕在影视作品中是必不可少的。Premiere 的字幕设计中包含字幕设计和图形设计两个方面。

5. 输出与生成

节目编辑完成后，需要以文件或音、视频信号的形式输出到目标介质上。一般情况下，项目设置和输出设置默认是一致的，但也可以进行多种媒体格式的输出。Premiere 可以将节目输出为电影、单输出声音、输出一个单帧、输出为 MPEG 视频、输出到 DVD 等。

（三）视频素材获取

视频素材是编辑的主体，获取视频素材有许多方法，如用数码摄像机（DV）直接录制视频信号并存储为数字视频，从网络上下载数字视频文件，用超级解霸从影碟或光盘上截取视频素材，用视频采集设备将视频模拟信号转换成视频数字信号，用专业的视频软件截取数字视频片段等。其中，通过 DV 拍摄是获得视频素材的一个直接而重要的途径。

1. 从网络上下载数字视频文件

随着视频网络的快速发展，越来越多的媒体视频素材都可以到网络上查询获取，从网络上下载数字视频文件是获得视频素材的一条有效方便的途径。目前各大视频网站都提供了视频分享、视频上传等服务。网络视频通常采用流媒体技术，常用的文件格式有".WMV"".FLV"".ASF"，可用专用视频下载工具（如迅雷）下载，已经完整播放过的视频文件也可以在 IE 缓存文件夹中选择复制到指定目录下。

2. 从 VCD 或 DVD 上截取视频素材

利用超级解霸等软件来截取 VCD 或 DVD 上的视频片段（截取成".mpg"文件或".bmP"图像序列文件），或把视频文件".dat"转换成 Windows 系统通用的 AVI 文件。

（1）从 VCD 上抓取图像。

把画面定格到要抓取的那一帧上（可通过"滑块"及"单帧步进"按钮的相互配合来精确定位），单击"保存一幅图像"按钮，打开"保存图像"对话框，选择保存位置，输入文件名，并在"保存类型"下拉列表中选择适当的图像文件类型，再单击"保存"按钮，完成抓取。

（2）从 VCD 上连续摄像。

把画面定位到要抓取的起始帧上，单击"连续摄像"按钮，打开"保存图像"对话框，输入文件名并单击"保存"按钮后，超级解霸将从当前画面开始连续地抓取图像，直到单击"停止"按钮为止。所抓取的图像将自动生成"文件名+001""文件名+002"等的连续编号文件，以后就可以在视频编辑软件中将这一批已编号的序列文件导入，生成新的视频文件。

（3）VCD 转 AVI。

单击"VCD 转 AVI"中的"视频文件"按钮，在打开的对话框中选择一个视频源文件（.dat、.mpg、.mPa），单击"打开"按钮。打开视频文件后，就可在左上角的"视频流"窗口中进行预览。拖动滑块，并配合使用"播放"和"停止"按钮，使视频流预览窗口显示需要转换的视频片段的起始点，然后单击"另保存为"按钮，选择保存位置、文件名。单击"开始压缩"按钮，打开"视频压缩"对话框，选择一种"压缩程序"及"压缩品质"。选择"压缩程序"时需注意通用性；"压缩品质"的高低决定画面质量的好坏；"品质"越高画面质量越好，所生成的 AVI 文件容量也越大，而"品质"太低则画面质量较差，所以一般"压缩品质"参数设置在 85～100。单击"确定"按钮后，超级解霸开始转换。单击"停止压缩"按钮，完成格式转换。

3. 从 DV 摄像机捕捉视频

Adobe Premiere Pro 提供了较为专业的视频捕捉功能，可以高质量地捕捉模拟信号（通过视频捕捉卡）和数字信号（通过 IEEE 1394）。两者的捕捉方式和操作过程是一样的，只是在工程设置时略有不同。在使用视频捕捉卡捕捉模拟视频素材时，需要在工程设定的时候选择该视频捕捉卡提供硬件支持的视频压缩格式，而通过 IEEE1394 捕捉数字视频素材时则不用选择硬件支持的视频压缩格式。

（1）准备工作。在视频捕捉前，务必确定将 DV 相机的电源打开并保证 1394 线连接正常。然后将 DV 打开，模式设置为 Play（或 VCR 挡，如果想捕捉正在拍摄的画面可以将 DV 状态设置为记录）。将 DV 打开后，如果连接正常就可以在"我的电脑"管理器中发现 DV 设备。

（2）基本操作。在"我的电脑"中发现 DV 设备后，就可以进入 Premiere Pro 进行视频采集了。启动 Premiere Pro，选择相应的工作模式，采集最好用逐行扫描方式，将"场"选项设置为"无场（向前扫描）"，完成项目属性设置后，执行"文件采集"命令或者直接按 F5 键启动 Premiere Pm 采集窗口。

二、常用视频软件

影视制作与计算机技术的结合是电影发展史上的一座里程碑，数字技术的进步创造了全新的电影表现形式与风格。数字化的视频编辑与播放技术不仅让人们体验到了前所未有的视觉冲击效果，也给人们的生活带来了许多乐趣。因此，在这一领域就出现了许多在个人计算机上处理视频的软件以满足人们展示自我的需要，视频软件包含了视频编辑、视频播放、视频文件格式转换软件。

（一）视频编辑软件

随着个人计算机和数码摄像机的普及，数字视频的编辑和制作已经开始慢慢融入人们的日常生活。现在，对于普通的电影爱好者来说，利用一台主流配置的计算机，再配合一套视频编辑软件同样可以轻松完成复杂的视频后期编辑工作。正是看好数字视频编辑在个人计算机领域的广阔应用前景，国内外众多的专业厂商纷纷抢滩这一市场。目前，在计算机平台流行的视频编辑软件有微软公司免费的 Windows Movie Maker、Adobe 公司的 Premiere、友立（Ulead）公司的会声会影以及品尼高公司的 Pinnacle Studio 和 Pinnacle Edition。其中，Windows Movie Maker、会声会影和 Pinnacle Studio 定位于普通家庭用户，Adobe Premiere 和 Pinnacle Edition 定位于中高端商业用户。下面简单介绍几款具有代表性的面向不同用户的视频编辑软件。

1.Windows Movie Maker

Windows Movie Maker（WMM）是 Windows 自带的一个免费视频编辑软件，适合于视频编辑的入门者，可以通过微软网站下载。其特点是操作简单，使用方便，用 Windows 自带的媒体播放器即可随时欣赏作品，并且用它制作的电影体积小巧，适合通过 E-mail 发送或者上传到网络供大家下载共享。

如果是把文件上传到网页，利用IE6.0以上的浏览器可以自动播放。支持一般Windows格式的视频，支持AVI、MPG、WMV等视频格式导入，导出一般为WMV格式。

Windows Movie Maker软件还提供了数十种片头或片尾动画模板；预置了丰富的滤镜和转场效果；能自动检测出视频中的自然间断，并且自动将检测到的场景分割成多个素材；能自动将视频和原始音频分离，对原始音频进行简单的编辑，如调整音量、设置静音、淡入淡出、添加背景音乐和旁白，或者调整原始音频和背景音乐之间的平衡等利用Auto Movie自动将素材合成影片，并为影片创建标题、字幕以及转场效果；支持微软最新的Windows Media系列压缩技术；采用微软最新的HighM.A.T.技术进行光盘刻录；可以在监视窗中进行实时预览。

2. Premiere

Premiere是DV编辑专业人士主流的视频编辑软件之一，是Adobe公司推出的基于非线性编辑设备的视音频编辑软件，现被广泛应用于电视台、广告制作、电影剪辑等领域，成为计算机和MAC平台上应用最广泛的视频编辑软件之一。

Premiere能与其他Adobe软件紧密集成，组成完整的视频设计解决方案；能有效解决DV数字化影像和网上的编辑问题，为Windows平台和其他跨平台的DV和所有网页影像提供全新的支持；能在轨道中添加、移动、删除和编辑关键帧；能集创建、编辑、模拟、合成动画、视频于一体，综合了影像、声音、视频的文件格式，可以说在掌握了一定技能的情况下，想象的东西都能够实现。

3. Ulead

Ulead属于中国台湾公司，称为友立，是世界多媒体软件业的领先者之一，于1989年成立，目的是开发和推广基于Windows的图形和视频制作工具，以更方便、更有创意的方式制作图形和视频。

（1）会声会影（符合家庭或个人所需的视频编辑软件）。

对于普通家用娱乐领域的人员来说，Premiere还是相对专业了些，并不是非常容易上手，算是比较专业的人士运用的软件。会声会影便是完全针对家庭娱乐、个人纪录片制作之用的简便型视频编辑软件。

会声会影采用目前最流行的"在线操作指南"的步骤引导方式来处理各项视频、图像素材；将操作方法与相关的注意事项配合，以帮助文件的形式显示出来，称为"会声会影指南"。其可以帮助用户快速学习每一个流程的操作方法。该软件作品制作分为开始、捕获、故事板、效果、覆叠、标题、音频、完成等八大步骤。其成批转换功能与捕获格式完整支持，让剪辑影片更快、更有效率；画面特写镜头与对象创意覆叠，可随意作出新奇百变的创意效果；配乐大师与杜比 AC3 支持，让影片配乐更精准、更立体；同时支持 128 组影片转场、37 组视频滤镜、76 种标题动画等丰富效果，让影片精彩有趣；能输出成 AVI、FLC 动画、MPEG 等多媒体电影文件，也可将制作完成的视频嵌入贺卡，生成一个".exe"的可执行文件；可以通过内置的互联网发送功能，将视频通过电子邮件发送出去或者自动将其作为网页发布，是一套操作简便，上手容易的视频软件。

（2）Ulead DVD 拍拍烧（Ulead DVD Picture Show）。

UleadDVD 拍拍烧是友立公司推出的 DVD/VCD 相册制作软件。其特点是能将相片以高清晰的质量制作成 VCD/DVD，能在一张光盘中包含多个电子相册，能建立个性化的电子相册。

（3）Ulead DVD 制片家（Ulead DVD Movie Factory）。

Ulead DVD 制片家是完整的从摄像机到 DVD/VCD 的解决方案。它具备简单的向导式制作流程，可以快速将影片刻录到 VCD 或 DVD。内置的 DV-to-MPEG 技术可以直接把视频捕获为 MPEG 格式，然后马上进行 VCD/DVD 光盘的刻录。Ulead DVD 制片家还包含了一个简单的视频编辑模块，让用户可以对影片进行快速剪裁。制作有趣的场景选择菜单可以为 DVD 增加互动性，支持多层菜单，可以选择预制的专业化模板或用自己的相片作为背景，最终可以将影片刻录到 DVD、VCD 或 SVCD，在家用 DVD/VCD 播放机或计算机上欣赏。

Ulead DVD 制片家是针对那些希望得到简单实用、快捷方便的高质量保存和分享解决方案的家庭和商业用户而设计的。软件采用了易用的向导式风格，使创建 DVD/VCD 的过程非常简单，效率也很高。

（4）Ulead Media Studio Pro。

Ulead Media Studio Pro 是专为所有追求最新、最强、最高质量数字影片技术的玩家及专业人员所设计的超强软件，提供同级产品中唯一囊括影片捕捉、剪辑、绘图、动画及音频编辑五大模块的功能，支持最新 DV 与 IEEE 1394 应用及 MPEG-2 影片格式，可以轻松制作出具有专业水准的影片、录影带、光盘、网络影片。

（二）视频播放插件

1. Windows Media Player

Windows Media Player 是微软公司在 Direct Show 基础之上开发的媒体播放软件，是 Mi-crosoft Windows 的一个组件，通常简称为 WMP。其支持插件增强功能，可以播放 MP3、WMA、WAV 等音频文件，由于竞争关系，微软默认并不支持 RM 文件，不过在 V8 以后的版本，如果安装了解码器，RM 文件也可以播放。视频方面可以播放 AV1、MPEG-1，安装 DVD 解码器以后可以播放 MPEG-2、DVD。用户可以自定媒体数据库收藏媒体文件，支持播放列表，支持从 CD 读取音轨到硬盘，支持刻录 CD。V9 以后的版本甚至支持与便携式音乐设备同步音乐，整合了 Windows Media 的收费以及免费服务。V10 更整合了纯商业的在线商店商业服务，支持换肤，支持 MMS 与 RTSP 的流媒体，内部整合了 Windows Media 的专辑数据库，如果用户播放的音频文件与网站上的数据校对一致的话，用户可以看到专辑讯息，支持外部安装插件增强功能，还可收听 VOA、BBC 等国外电台。

2. RealPlayer

RealPlayer 是一个在互联网上通过流技术实现音频和视频实时传输的在线收听工具软件。使用它不必下载音频/视频内容，只要线路允许，就能完全实现网络在线播放，可以极为方便地在网上查找、收听和收看自己感兴趣的广播与电视节目，是网上收听收看实时音频、视频的最佳工具。其主要功能有支持播放各种在线媒体视频，包括 Flash、FLV 或者 MOV 等格式，并且在播放过程中能够录制视频；同时还加入了在线视频的一键下载功能到浏览器中，支持 IE 和 Firefox，这样便能够下载 YouTube、MSN、GoogleVideo 等在线视频到本地硬盘来离线观看；而且还加入了 DVD 视频刻录的功能；界面带有目标按钮，只需单击就可收听新闻和娱乐资讯；具有近乎 CD 的音频效果（只在 28.8Kbps 或更快的连接速度下）和全屏播放图像功能（只适用于高带宽连接情况）。

3. 暴风影音

暴风影音 2008 第一次涵盖了互联网用户观看视频的所有服务形式，包括本地播放、在线直播、在线点播、高清播放等，数十家合作伙伴通过暴风为上亿互联网用户提供超过 2000 万部/集电影、电视、微视频等内容。暴风成功地实现了自己服务的全面升级，成为当时中国最大的互联网视频平台。

暴风影音的界面采用了简约的风格设计。在面板上能够直接完成"播放/

暂停""加速/减速""音量调整""前/后片段切换"等常见的操作。同时，工具栏上的"截图""全屏""画（音）质调节"三个快捷按钮，也为日常应用带来了很多方便。

暴风影音还特意根据不同的硬件条件设计了两组视频播放模式（画质优先和流畅度优先）。用户可根据自己的计算机配置，自主选择播放模式。新版暴风影音所支持的"电视剧连续播放"功能，能够根据影片名称自动将电视剧排序导入。

4.Quick Time

Quick Time 是苹果公司面向专业视频编辑、Web 网站创建和 CD-ROM 内容制作领域开发的多媒体技术平台，是数字媒体领域事实上的工业标准，是创建 3D 动画、实时效果、虚拟现实、A/V 和其他数字流媒体的重要基础。目前，Quick Time 的播放器已经在全世界被众多的 Mac 及视窗用户所采用，是仅次于 RealPlayer、Windows Media Player 的流视频播放器。Quick Time 支持开放标准 RTP、RTSP 协议及 HTTP 流。Quick Time 的一个显著特点是支持转播功能和模块化 API，用户可以方便地通过 QTSS API 为服务器添加新的功能。主要播放 AIFF、WAV、MOV、MP4（AAConly）、CAF 和 AAC/ADTS 格式的文件。

（三）视频格式转换软件

当人们观看或编辑数字视频时，经常会遇到各种格式的文件，不同格式的视频文件之间的转换方法有多种。有的可以通过视频播放软件转换，例如，"超级解霸"软件就有将 VCD 或 DVD 视频转换为 MPEG 文件或 AVI 文件的功能；也可以使用视频编辑软件进行转换，例如，Premiere 就可以将编辑过的视频导出为多种格式的视频文件；还可以使用专门的视频转换软件来进行格式转换。下面简单介绍几款视频转换软件的特性。

1.视频转换大师

视频转换大师（WinAVI Video Converter）是专业的视频编、解码软件，特点是界面漂亮，转换速度快，影音可与 DVD 影片的质量相媲美，转换操作简单。该软件支持包括 AVI、MPEG-1/2/4、VCD/SVCD/DVD、DivX、XVid、ASF、WMV、RM 在内的几乎所有的视频文件格式。自身支持 VCD/SVCD/DVD 刻录，支持 AVI 至 DVD、AVI 至 VCD、AVI 至 MPEG、AVI 至 MPG、AVI 至 WMV、DVD 至 AVI 及视频到 AVI/WMV/RM 的转换，尤其是支持 RMVB 格式转换到 DVD 或者 VCD 的功能比较独特。

2. 格式工厂

格式工厂是免费的多媒体格式转换软件，提供的功能有所有类型视频转到 MPG/AVI/3GP/FLV/MP4，所有类型音频转到 MP3/OGG/WMA/M4A/WAV，所有类型图片转到 JPG/BMP/PNG/TIF/ICO，抓取 DVD 到视频文件，MP4 文件支持 iPod/iPhone/PSP 指定格式，源文件支持 RMVB。

格式工厂的特点是①支持几乎所有类型的多媒体格式到常用的几种格式；②转换过程中可以修复某些损坏的视频文件；③多媒体文件压缩；④支持 iPhone/iPod/PSP 等多媒体指定格式；⑤转换图片文件支持缩放、旋转、水印等功能；⑥DVD 视频抓取功能，轻松备份 DVD 到本地硬盘。

3. 暴风转码 2009

暴风转码 2009 是暴风影音推出的一款免费专业音视频转换产品，可以帮助用户实现所有流行音视频格式文件的格式转换。可将计算机上任何的音视频文件转换成 MP4、智能手机、iPod、PSP 等掌上设备支持的视频格式。对于市场上一直难以解决的 RMVB 格式的转换，暴风转码 2009 也有非常优秀的表现。它的主要特色是界面美观、易用，沿用了暴风系列的风蓝色调，整体感觉简明、清新给人微风般的视觉体验，专注于掌上设备（帮助用户将各种音视频文件转换后存放在手机、iPod、PSP、MP4 等掌上设备上播放），强调速度（5 倍加速的转换）；格式万能（沿用了暴风影音的解码核心，支持各种视频格式），即转即播（实现转换的同时预览影片）。在资源占用方面，暴风转码已加入了对多核处理器的支持，但功耗依然"强劲"，纠错能力稍差。

第五章　网络多媒体应用

第一节　多媒体网络通信基础知识

随着网络技术、多媒体技术的不断发展，多媒体的网络应用已经成为一个热点。网络多媒体是建立在网络通信基础上的应用，因此网络应该根据多媒体数据网络应用的特点，使用适合多媒体通信的网络协议和工作方式。

一、多媒体通信对网络的要求

多媒体网络中传输的是多媒体数据，包括视频、音频、图形、图像等，其数据量巨大，即使经过压缩编码数据量仍然很大。因此，多媒体信息的传输对网络的性能提出了较高的要求。

1. 多媒体数据流的基本特点

在多媒体网络通信中传输多媒体数据流与传统数据相比，有如下特点。

（1）比特率可变性。多媒体数据传输按其特点可以分为恒定比特率（CBR）和可变比特率（VBR）两种类型。恒定比特率传输是指发送方以恒定速度发送数据，而网络必须使用恒定比特率传输数据（如语音信号的传输）；可变比特率传输是指发送方发送数据的速度可能实时产生变化（如视频数据），而网络传输的速度也必须随之发生变化，显然网络必须能适应这种多媒体数据传输的特点，才能保证数据正确、及时到达目的方。

（2）实时性。连续媒体（如视频、音频等）的传输必须是实时的，端到端的等待时间应当控制在一个很短的时间段内。如在视频会议系统中，为了保持会议的视听效果，延迟应控制在 250ms 内。而电子邮件之类的应用，并不要求实时传输信息。

（3）信道对称性。在端到端的传输系统中，传输信道是双向的，分为上行信道和下行信道。上行信道是指源端到目的端的通信通道，下行信道是指目的端到源端的通信通道。根据多媒体应用类型的不同，上行和下行信道的通信量可能是对称的，也可能是不对称的。如在视频点播的应用中，下行信道用来传输视频流，而上行信道用来传输少量的控制信息。下行信道的通信量远大于上行信道的通信量。在对等式视频会议系统中，由于每个与会者都参与会议讨论，所产生的数据流通常是对称的。

2. 多媒体网络的性能指标

多媒体数据流对网络性能的要求很高，衡量多媒体网络性能的指标主要有吞吐量、错误率、时延、时延抖动等。

（1）吞吐量。网络吞吐量指的是有效的网络带宽，它反映了网络所能传输数据的最大极限容量。多媒体通信吞吐量的需求与传输网络的传输速率、接收端缓冲容量和数据流量有关。多媒体传输网络必须为多媒体信息的传输提供足够的传输带宽。当网络提供的传输带宽不足时，就会产生网络拥塞，从而导致端到端数据传输延迟的增加，并会造成数据分组的丢失。在多媒体通信系统的接收端，必须提供足够大的缓冲区容量。当缓冲区容量不够大时就很容易产生缓冲区的数据溢出，造成数据分组丢失。

（2）错误率。错误率反映的是网络的可靠性，它可采用误码率（SER）来度量。误码率是指在传输过程中发生误码的码元个数与传输的总码元数之比。通常，SER 的大小直接反映了传输介质的质量。

多媒体应用中的数据比连续播放的音视频对误码率的要求更高，如银行转账的数据传输是不允许出现任何差错的；而连续的、不断更新的音视频即使产生错误也会很快被覆盖，所以对于音视频的误码率指标要求可以宽松一些。

（3）时延。网络的传输时延是指信源发出一个比特到信宿接收到这个比特所经历的时间，它是衡量网络性能的一个很重要的参数。不同的多媒体应用对时延的要求是不一样的。对于实时的会话应用，网络的单程传输时延应在 100～500ms；而在交互式的实时多媒体应用中，系统对用户指令的响应时间应在 1s 左右，端到端的时延在 100～500ms，此时通信双方才会有"实时"的感觉。

（4）时延抖动。网络传输时延的变化称为网络的时延抖动。时延抖动会对实时通信的多媒体同步造成破坏，最终影响到音/视频的播放质量。

3. 多媒体网络的通信方式

大多数多媒体应用通常要求多方同时进行多媒体信息交流，如视频会议要求参加会议的任何成员可以和其他任何成员通信。这就要求多媒体网络除提供传统的点到点的通信以外，还要能满足多方通信的需求。目前，多媒体通信网络能提供单播、组播和广播三种工作方式。

单播，主机之间"一对一"的通信模式。网络中的交换机和路由器对数据只进行转发不进行复制，如果多个客户机需要相同的数据，需要首先分别建立和服务器之间的通信联系，服务器需要逐一传送，重复多次相同的工作，像网页浏览等网络应用使用的就是单播。

组播，也称"多播"，是主机之间"一对一组"的通信模式，也就是加入了同一个组的主机可以接收到此组内的所有数据，网络中的交换机和路由器只向有需求者复制并转发其所需数据。主机可以向路由器请求加入或退出某个组，网络中的路由器和交换机可以有选择地复制并传输数据，即只将组内数据传输给那些加入组的主机。这样既能一次将数据传输给多个有需要（加入组）的主机，又能保证不影响其他不需要（未加入组）的主机的通信。网络视频点播等应用采用的就是组播技术。

广播，主机之间"一对所有"的通信模式，网络对其中每一台主机发出的信号都进行无条件复制并转发，所有主机都可以接收到所有信息（不管是否需要）。由于其不用路径选择，所以其网络成本可以很低廉。有线电视网就是典型的广播型网络，电视机实际上是接收到所有频道的信号，但只将一个频道的信号还原成画面。在数据网络中也允许广播的存在，但其被限制在二层交换机的局域网范围内，禁止广播数据穿过路由器，以防止广播数据影响大面积的主机。

4. 多媒体网络通信的服务质量

随着网络多媒体技术的发展，互联网上多媒体的应用日益广泛，如 IP 电话、视频会议、视频点播、远程教育、电子商务等应用已经深入千家万户。互联网已经逐步从单一的数据传送网向数据、音乐、图像等多媒体信息综合传输网演化。这些不同的应用需要网络提供不同的安全保证，如保证合适的带宽、时延、时延抖动等，如表 5-1 所示。服务质量（QoS）就是这样一种机制，可以用于保证网络上不同应用的正常进行。

表 5-1 部分媒体所需的 QoS 参数

媒体类型	最大时延 /ms	最大延时抖动 /ms	平均吞吐量 /Mbps	可接受的误码率
语音	250	10	0.064	$< 10^{-1}$
视频（TV 质量）	250	10	100	$< 10^{-2}$
压缩视频	250	1	2~10	$< 10^{-6}$
文件数据	1000	—	1~100	0
实时数据	< 1000	—	< 10	0
图像	1000	—	2~10	$< 10^{-9}$

QoS 具有如下功能。

① 分类。安装了 QoS 的网络能够识别数据包是由哪种应用程序产生的，所有的网络应用都会在数据包中留下可以用来识别的标识，分类就是检查这些标识。

② 标注。在识别数据包以后进行标注，以确保网络上的交换机和路由器可以对该应用进行优先级处理。

③ 优先级设置。设置优先级之后，在进行网络应用时，一旦网络资源产生冲突，优先级高的应用就不会被打断。例如，在进行文件下载的时候同时使用网络电话，QoS 功能中的优先级设置就可以确保在进行文件下载的同时不会中断网络电话的通话。

二、多媒体网络协议

网络协议是指为网络中的数据交换而建立的规则、标准或约定。目前，数据传输所使用的网络协议主要有 TCP、UDP、SPX 和 Apple Talk 等，尤其以 TCP 和 UDP 协议应用最为广泛。随着多媒体数据在网络上传输应用的增多，传统的传输协议已经不能胜任新的要求，因此，一些新的多媒体传输、控制协议被提出，如 RTP/RTCP、RSVP 和 RTSP 等，它们协同工作，在很大程度上满足了多媒体数据的传输要求。

1. 实时传输协议

实时传输协议（RTP/RTCP 协议）是一种提供端对端传输服务的实时传输协议，它支持在单目标广播和多目标广播网络服务中传输实时数据。为了保证实时数据按顺序可靠地传输并进行流量控制，必须加入实时传输控制协议，以提供实时传输的控制服务。目前，在视频点播、电视会议等网络多媒体应用中广泛地使用了 RTP/RTCP 协议。

2. 资源预留协议

资源预留协议（RSVP 协议）是一种用于互联网上质量整合服务的协议。RSVP 允许主机在网络上请求特殊服务质量并用于特殊应用程序数据流的传输。路由器也使用 RSVP 发送服务质量（QoS）请求给所有节点（沿着流路径）并建立和维持这种状态以提供请求服务。通常 RSVP 请求将会引起数据路径上每个节点的资源预留。

3. 实时流协议

实时流协议（RTSP 协议）是一个应用层协议。它提供一种可扩展的框架，用于控制多媒体实时性数据在 IP 网络上的发送。RTSP 对流媒体提供了远程控制功能，如暂停、快进、快退和定位等，但它本身并不传输数据，而是通过传输层的 TCP 协议、UDP 协议或 RTP 协议传输数据。RTSP 为单播和多播提供了可靠的播放环境。目前，许多多媒体信息平台都支持 RTSP 协议，如 Microsoft Media 和 Real System 等。

三、多媒体通信协议

随着网络技术与多媒体技术的发展，视频会议、IP 电话等技术在人们的通信与交流中得到了越来越广泛的应用。要实现这样的语音、视频的实时通信，除需要使用多媒体传输协议实现多媒体数据的传输以外，还需要使用多媒体通信协议来规范通信终端的标准，控制设备之间通信的过程。常见的多媒体通信协议有 H.323、SIP 和 IMS 等。

1. 信令控制协议

信令控制协议（H.323）是国际电信联盟电信标准化部门制定的 H.32X 多媒体通信系列协议中的一项，H.323 协议是互联网和电话网进行连接、实现音频和视频传递的标准，其他的 H.32X 协议还包括用于窄带通信的 H.320、B-ISDN 上通信的 H.321 等。

H.323 是一个协议簇，它的一组协议协同工作，完成多媒体通信，其体系结构见表 5-2。

表 5-2　H.323 体系结构

音频／视频应用		信令和控制			数据应用
视频编解码 H.263/ H.261	音频编解码 （H.723.1D等）	H.225.0 登记信令	H.225.0 呼叫信令	H.245 控制信令	T.120 数据

2. 会话发起协议

会话发起协议（SIP 协议）是 IETF 制定的一套适用于 IP 新业务的简单且实用的标准，它是一个应用层的信令控制协议，用于创建、修改和释放一个或多个参与者的会话。这些会话可以是互联网多媒体会议、IP 电话等。会话的参与者可以通过组播、单播或两者的混合体进行通信。

3. IP 多媒体系统

IP 多媒体系统（IMS 协议）是一种全新的多媒体业务形式，它能够满足现在的终端客户对多媒体业务更新颖、更多样化的需求。目前，IMS 被认为是下一代网络的核心技术，也是解决移动网络与固定网络融合，引入语音、数据、视频三重融合等差异化业务的重要方式。

第二节 多媒体在网络中的应用

多媒体在网络中的应用类型很多，涉及很多领域，如通信、计算机、有线电视、安全、教育、娱乐和出版业等。随着用户需求的不断增加，多媒体的应用也会有新的发展。常见的网络多媒体应用系统有多媒体会议系统、IP电话系统、视频点播系统（VOD）、网络电视系统和即时通信系统等。

一、多媒体会议系统

多媒体会议系统是指两个或两个以上不同地理位置的个人或群体通过传输线路及多媒体设备，将声音、影像及文件资料互传，进行即时的互动沟通，从而达到会议目的的一种会议形式。多媒体会议系统将计算机技术的交互性、网络的分布性和多媒体信息的综合性融为一体，是典型的分布式多媒体应用系统之一。

多媒体会议系统也称为视频会议系统。在多媒体会议中，与会者既能看到发言者的表情、动作和会场情景，也能听到发言者的声音，再通过电子白板、电话、传真等辅助设备，即可实现与其他与会者进行研讨和磋商的目的，使处于不同地方的人像在同一个房间内一样进行沟通和交流。

1. 多媒体会议系统的分类

多媒体会议系统有多种分类，按照会议设备配置可以分为会议室会议系统和桌面会议系统，按照是否利用计算机设备可分为电视会议系统和计算机会议系统，按照会议所使用的网络环境可分为 ISDN 会议系统、局域网会议系统、电话网会议系统和互联网会议系统，按照使用的信息流类型可分为音频图形会议系统、视频会议系统、数据会议系统和多媒体会议系统等。

2. 多媒体会议系统的国际标准

为了推动多媒体会议系统的发展，国际电信联盟（ITU）组织制定了一系列标准。这些标准包括音视频压缩和解压缩、数据协议、多路复用和通信规程等，其中 H 系列的建议和标准是专门针对交互式电视会议业务制定的。

3. 多媒体会议的关键技术

多媒体会议系统所涉及的关键技术主要包括网络环境、多点传送设备、编码器/解码器、会议控制单元等。

（1）网络环境。

多媒体会议系统是一种典型的一点对多点实时应用系统，对网络基础设施支持实时传输的能力要求较高。例如，对于 ATM 网络、LAN 或

384Kbps 的 ISDN，可以支持全屏幕，30 帧/秒的视频和广播质量的音频；高于 128Kbps 基本传输速率的 ISDN，可以支持 1/4 屏幕 CIF（356×288），10～20 帧/秒的视频和 AM 质量的声音；对于电话线，一般只能支持 6～10 帧/秒的 Quarter CIF（176×144）或更低质量的视频图像。

（2）多点传送设备。

多媒体会议系统是一点对多点的应用系统。通常，网络环境所提供的通信业务大多是点对点的。尽管某些分组交换网络（如各种 LAN）在物理链路上可能是以广播方式传输数据的，但在逻辑链路上仍然是点对点的。因此，无论何种网络环境，都要通过一种称为多点转发服务器（MFS）的特殊网络设备，实现一点对多点的会议环境。

（3）编码器/解码器。

编码器/解码器（CODEC）是会议终端对音频和视频信息进行编码和解码的重要部件，可以采用软件或硬件的方法来实现。通过信息编码还可以实现数据的压缩，以减少传输的数据量。

ITU 制定了一系列有关音频和视频编解码器的国际标准。音频编码标准有 G.711、G.722 和 G.728；视频编码标准有 H.261、H.263 等。不同编码器所采用的数据压缩算法不同，其数据率和重建的语音/图像质量也不同。

（4）会议控制单元。

会议控制单元是提供控制和管理会议进程的一组服务，包括会议注册、会议宣布、会议启动、会议发现、会议加入、会议退出以及会议查询等。ITU 在 T.120 标准中定义了有关会议控制的功能。国际互联网工程任务组（IETF）也使用了一组协议实现会议控制和会议发现，它们是会话描述协议（SDP）、会话宣布协议（SAP）和会话启动协议（SIP）等。

4. 多媒体会议系统结构

多媒体会议系统一般是由会议终端、多点传送设备（MFS）、传输网络和控制软件等部件构成，如图 5-1 所示。

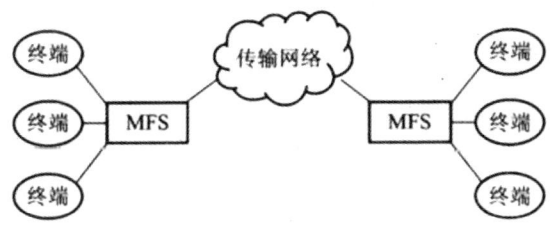

图 5-1　多媒体会议系统结构

二、视频点播

视频点播是网络技术、多媒体技术和计算机技术发展的产物，是一项崭新的信息服务技术。视频点播 VOD 与普通电视的不同之处在于收视者不再是被动地观看电视台安排的节目，而是主动地点播自己所需的节目。因此，VOD 大大增加了用户在信息服务与提供中的主动性，用户不仅可以坐在家里通过遥控器、机顶盒和屏幕上的菜单来收看自己点播的节目，而且还能利用它来购物、学习和享受各种信息服务。VOD 在各个领域中的应用打破了时间和空间的限制，实现了信息系统完整性所追求的交互功能，因此 VOD 又称为交互电视。

1. 视频点播的分类

根据不同的功能需求和应用场景，主要有三种 VOD 系统，即准视频点播（NVOD）、纯视频点播（TVOD）和交互视频点播（IVOD）。

（1）准视频点播。

该系统中多个视频流依次间隔一定的时间启动，发送同样的内容。例如，10 个视频流每隔 5min 启动一个，发送同样的电视节目。如果用户想看这个电视节目可能需要等待，但最长不会超过 5min，他们会选择距他们最近的某个时间起点进行收看。在这种方式下，一个视频流可以被许多用户所共享。

（2）纯视频点播。

它真正支持即点即放。当用户提出请求时，视频服务器将会立即传送用户所要的视频内容。若有另一个用户提出同样的需求，视频服务器就会立即为其再启动另一个传输同样内容的视频流。不过，一旦视频流开始播放，就要连续不断地播放下去，直到结束。这种方式下，每个视频流专为某个用户服务。

（3）交互视频点播。

它比前两种方式有很大程度上的改进。它不仅可以支持即点即放，而且还可以让用户对视频流进行交互式的控制。这时，用户就可像操作传统的录像机一样，实现节目的播放、暂停、倒回、快进和自动搜索等。

2. VOD 系统结构

VOD 系统一般由视频服务系统、传输网络和用户三部分构成，如图 5-2 所示。

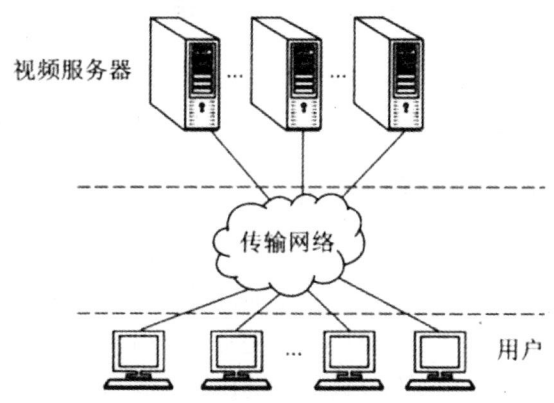

图 5-2 VOD 系统的一般结构

（1）视频服务端系统。视频服务端系统由多台视频服务器、管理设备以及管理软件构成。视频服务器是视频服务提供商用于存储视频资源并提供检索服务的设备，管理设备一般包括节目选择计算机和记账计算机等，视频服务管理软件用于系统错误诊断、安全加密、版权保护等。视频服务提供商利用视频服务器和管理设备向用户提供视频收费服务。对于大型的 VOD 系统，视频服务端系统是由多个在线视频服务器和辅助存储器组成的。

（2）用户终端。用户终端是 VOD 系统中的用户端设备，其基本功能包括显示服务项目，为用户提供基本的控制和选择功能，对视频进行解码和显示等。目前，VOD 系统的用户终端有两种实现形式，一种是机顶盒加上电视机；另一种是个人计算机加上解码器。

（3）传输网络。传输网络用于传送用户的节目选择信息和分配音频、视频服务媒体流，音频信号数字化以后的数据量相对较少，但在用户感官方面比较重要，系统需要尽量保证音频信息的传送质量。对于视频信号来说，偶尔的数据包丢弃是允许的，因为下一帧图像可以马上补充过来，在视觉上不会造成很大的影响。在网络带宽受限的情况下，应该采用相应的网络技术来保证视频点播的质量。

第三节 流媒体技术

流媒体技术是一种新的媒体传输方式，它把连续的音频和视频经过压缩处理后放在网络服务器上，让用户边下载边收听和观看，而不需要等整个文件全部下载完毕后才开始播放。这种方式不仅使播放的启动时延大幅度缩短，也使播放视频对系统缓存容量的需求大大降低，并且弥补了用户必须等待整个文件全部从互联网上下载完毕后才能观看的缺陷。

一、流媒体技术基础

1. 流媒体的相关概念

流媒体是指在网络中使用流式传输技术的连续时基媒体,如音频、视频或多媒体文件。流媒体技术就是把连续的影像和声音经过压缩处理后放在网站服务器上让用户边下载边观看和收听,而不需要等整个文件全部下载完毕后才播放。流媒体技术不是单一的技术,它是建立在网络通信、多媒体技术基础之上的一种新技术。流媒体实现的关键技术就是流式传输技术。

流式传输技术可分为顺序流式传输和实时流式传输两种。

(1) 顺序流式传输。

顺序流式传输是顺序下载媒体文件,在下载文件的同时用户可以使用(观看),用户的使用与服务器上的传输并不是同步进行的,用户是在一段延时后才能看到服务器上传出来的信息,或者说用户看到的总是服务器在若干时间以前传出来的信息。在这个过程中,用户只能观看已经下载的那部分,而不能跳到还未下载的部分。它适合在网站上发布供用户点播的音频、视频节目。

(2) 实时流式传输。

在实时流式传输中,音频、视频信息可以被实时使用(观看)。在用户观看的过程中,还可以快进、快退,但这种传输方式与网络状况密切相关,如果网络状况不理想,则播放的效果较差。

2. 流媒体技术的原理

流式传输的实现需要缓存。因为互联网以数据包传输为基础进行断续的异步传输,对一个实时音/视频源,在传输中它们要被分解为许多数据包。由于网络是动态变化的,各个数据包选择的路由可能不尽相同,故到达客户端的时间延迟也就不等,甚至先发送的数据包还有可能后到。因此,要使用缓存系统来弥补网络时延和抖动的影响,并保证数据包的顺序正确,从而使媒体数据能连续输出,而不会因为网络暂时拥塞使播放出现停顿。

流式传输的实现需要合适的传输协议。由于传输控制协议(TCP)需要较多的开销,故不太适合传输实时数据。在流式传输的实现方案中,一般采用 HTTPA/TCP 来传输控制信息,而用 RTP/UDP 来传输实时音/视频数据。

流式传输的工作过程是当用户选中某个流媒体服务器后,用户的浏览器与 Web 服务器使用 HTTP/TCP 协议交换控制信息,浏览器检索流媒体服务的各种参数（包括服务器地址、目录、编码器类型等）启动并初始化播放器。播放器程序启动后与流媒体服务器一起运行实时流传输协议（RTSP），交换要进行数据传递的控制信息。流媒体实时数据由服务器使用 RTP/UDP 协议传输给播放器，在客户端缓存后由播放器播出。

二、流媒体文件格式和播放器

1. 流媒体文件格式

普通的音频、视频文件容量较大，不适合流式传输和管理，因此可以将普通的音频、视频文件经过特殊编码，加入计时、压缩和版权等附加信息，使其成为流媒体格式文件，以适合在网络上边下载边播放。

流媒体文件格式很多，如 RAM、RM、RA、WMA、WMV、ASF、ASX、MOV、MP3、MP4、FLV 等文件都是流媒体文件，不同的流式编码程序产生不同的流媒体格式文件。下面将介绍几种常用的流媒体文件格式。

（1）ASF 文件。

ASF 是微软公司开发的一种多媒体数据格式，音频、视频、图像以及控制命令脚本等多媒体信息通过这种格式，以网络数据包的形式传输，实现流式多媒体内容的发布。ASF 支持任意压缩/解压缩方式，并可以使用任何一种底层网络传输协议，具有很大的灵活性。

（2）RM 文件。

RM 是 Real Networks 公司开发的一种多媒体数据格式，主要包括 Real Audio（RA）、Real Video（RV）、Real Flash（RF）三个部分。RM 文件可以根据网络数据传输速率制定不同的压缩比率，从而实现在低速率的互联网上进行音频、视频文件的实时传送和播放。其中，RA 针对实时音频数据，RV 针对连续实时视频数据，RF 则针对一种高压缩比的动画格式。

（3）MOV 文件。

MOV 即 Quick Time 影片格式，它是苹果公司开发的一种音频、视频文件格式，用于存储常用的数字媒体类型。当选择 Quick Time（.mov）作为"保存类型"时，动画将保存为".mov"文件。

（4）FLV 文件。

FLV（Flash Video）是一种新型的流媒体视频格式。在同等视频效果下，FLV 文件与 RM、RA、WMA、WMV、ASF 等相比具有更好的网络实时效果，FLV 文件大小是同等播放效果的 WMV 文件的 1/2 左右。FLV 文件克服了导出的 SWF 文件体积较大、不能在网上很好地使用的缺点。播放 FLV 文件需要 FLV Player 播放器。

2. 流媒体播放器

流媒体播放器的功能是接收流媒体格式数据，解码还原成流媒体数据包。微软公司和苹果公司分别设计了不同的播放器以支持各自推出的流媒体文件格式。

三、常用流媒体系统介绍

一个完整的流媒体系统应该包括流媒体制作、存储、播放、发布、负载均衡和用户管理等多种软件与硬件系统。目前比较成熟的三大流媒体系统分别是微软公司的 Windows Media、Real Networks 公司的 Real System 和苹果公司的 Quick Time。

1. 微软公司的流媒体系统

微软公司为用户提供了较为完整的流媒体产品线，包括了流式媒体的制作、发布、播放和管理等。利用这一整套的方案，可以快速、方便地架构流媒体系统。Windows Media 主要包括如下组件。

Windows Media Encoder：将源音频和视频转换成可以下载或进行流传输的流媒体格式文件。

Windows Media Server：将流媒体发布到计算机网络上。

Windows Media Player：播放多种格式的流媒体文件。

Windows Media Rights Manager：一个保障安装发布流媒体文件的 DRM 系统。

Windows Media 对 Windows 上常用的应用软件，如 Microsoft Office 等，进行了很好的整合，使用者可以任意地在 Word、FrontPage 中加入流媒体播放组件。

2. Real Networks 公司的流媒体系统

Real Networks 公司的流媒体技术涵盖流媒体的制作、传送、管理、下载、播放等多个环节，并具有相应的产品。Real Networks 的 Real System 是可跨平台使用的流媒体平台，支持 Windows、Linux、Mac 等多种操作系统，兼容性较好。

Real System 在窄带流媒体传输中表现优异，能很好地适应从 8～28Kbps 的拨号上网到 10Mbps 的局域网传输。它主要包含如下三个组件。

Real Producer：主要用于制作多媒体数据文件，实现压缩、编码现场信号并传送给 Real Server 进行现场直播，也可以把其他音频、视频和动画等多媒体文件格式转换成流媒体格式。

Real Server：提供流媒体广播服务，可以使客户端无须等待数据全部下载完毕即可实时收看直播节目。

Real Player：向服务器发出请求，接收并回放从 Real Server 传送来的媒体节目。

3. 苹果公司的流媒体系统

Quick Time（QT）是苹果公司面向专业视频编辑、Web 网站创建和 CD-ROM 内容制作领域开发的专业的多媒体技术平台，Quick Time 支持几乎所有的主流个人计算机平台，是数字媒体领域事实上的工业标准，是创建 3D 动画、实时效果、虚拟现实、音/视频和其他数字流媒体的重要基础。

与前面两种流媒体系统相比，苹果公司的流媒体系统在完整性上处于劣势，Quick Time 的组件较少，只有服务器软件 Quick Time Streaming Server 及播放器 Apple Quick Time Pro，使用者要完成其他的功能，需要使用第三方软件。

第四节 上机实验

【实验目的】
①熟悉 Windows Media Encoder 软件。
②掌握流媒体文件制作方法。

【实验内容】
①打开保存在计算机上的视频文件。
②设置各项参数，转换为流媒体文件。

【实验提示】
①启动 Windows Media Encoder，选择"自定义会话"选项。
②在"会话属性"对话框中，选择"源"选项卡，然后在"源来自"下拉列表中选择"文件"选项，选择"示例.avi"作为源文件，然后单击"应用"按钮。
③选择"输出"选项卡，选择"编码到文件"选项，输入保存目标文件的名称和路径，单击"应用"按钮。
④选择"压缩"选项卡，选择"目标"下拉列表中的"Windows Media 服务器（流式处理）"选项，单击"应用"按钮。
⑤单击工具栏上的"开始编码"按钮，即开始将普通视频文件转换为流媒体文件。

第六章 多媒体应用系统设计与制作

第一节 多媒体应用系统

一、多媒体应用系统概述

随着计算机软硬件的发展，多媒体技术也得到了快速发展。多媒体技术的应用日渐广泛，已深入到多领域、多行业，对人类的工作、学习及生活都产生了极大的影响。多媒体应用系统就是为了解决某一实际问题而利用多媒体应用系统开发工具，将各种媒体元素组织在一起，加入交互特性，创作出来的多媒体应用软件。

多媒体应用系统应具有以下特点。

①增强了应用系统的友好性。多媒体应用系统利用图像、音频、视频、动画等多种人类最为习惯的方式进行信息的处理，大大缩小了人与计算机的距离，增强了信息处理的能力和信息的表现力，使用户界面更加友好，应用更加方便。

②具有良好的交互性与灵活的流程控制，能更适应用户的使用需求，对程序的控制更加灵活、方便。

二、多媒体应用系统设计

1. 多媒体应用系统的开发过程

多媒体应用系统的设计可借鉴软件工程的开发方法进行。但多媒体应用系统又有其特殊性，它是以内容为导向的软件系统，即用户可随意阅读、欣赏、倾听系统所提供的内容。

多媒体应用系统的开发是指多媒体应用系统开发人员在多媒体软件的基础上，借助多媒体软件开发工具制作多媒体应用系统的过程。这里涉及三个方面的元素，即多媒体应用系统的开发人员、多媒体应用系统运行环境和多媒体应用系统开发工具。多媒体技术的综合性、集成性及交互性等特点，使多媒体应用系统的开发不仅涉及计算机专业人员和应用领域的专家，还需要脚本编导、文字编辑、声音效果、音乐、美术、动画影视制作等方面的专业人才，其主要工作是脚本构思、创意及媒体素材设计制作，而系统软件设计人员的主要任务是完成项目需求分析、建立应用系统原型、制作生成应用系统、进行系统测试和商品化包装等诸项工作。

2. 多媒体应用系统的设计步骤

（1）需求分析。

需求分析是应用系统设计的第一阶段，主要是确定选题并进行分析。多媒体应用系统的设计像影视作品一样，选题和评估可行性是一项十分重要的工作。具体任务就是用文档将用户对应用系统的具体要求和设计目标准确地描述出来。文档中通常有数据描述、功能描述、性质描述、质量保证及加工说明等。多媒体应用系统的选题定位要准确、清晰，系统选题范围是没有限制的，但必须经过认真的分析和严格的论证后方可确定。

选题确定后，应提交选题报告计划书，供设计主管人员决策。选题报告计划书中应包括用户分析报告、软硬件设施分析报告、成本效益分析报告、系统内容分析报告等。

根据上述报告，系统设计人员确定使用对象和要求、应用系统的设计结构和建立设计标准。

多媒体应用系统设计的需求分析显然不同于普通的应用程序设计，因此在用户需求提出后，设计人员要不断地探索酝酿，对问题认识逐步深入。具体方法是首先根据用户提出的需求，将所有的相关信息以画草图、详列构思等方式列出，然后从不同角度来分析问题，以获得不同的结论；然后尽可能列出解决问题的各种策略和方案，方案设计要充分发挥集体智慧，相互启发，进行创意，可以通过分析类似的应用设计，在对其评价中吸取教训或改进设计；还要评估各种方案的可行性，其目的在于确认各种可能的方案是否真正使问题得到解决，因此必须将方案与用户需求相互对照并列出功能，请最终用户判断这些方案的正确性；最后是在多种方案中选择一个可行性高且最有价值的方案，所选方案既要强调创意新颖，也要注意可行性。

（2）应用系统内容与结构设计。

内容设计。应用系统的具体内容是由项目选题和定位来决定的，所表现的内容最好由熟悉应用领域的专业人员介入或指导。设计要确定多媒体选材应该表现哪些最重要、最生动的内容，内容的表现形式及文字未能很好表现的内容部分的处理方案等。设计要注意内容表现风格的一致性；内容表现形式应多姿多彩、跌宕起伏。

结构设计（初步设计）。多媒体应用系统的结构设计的目标是决定如何构造应用系统结构。多媒体应用系统必须将交互的概念融于项目的设计中，确定组织结构是线性、层次还是网状链接，最后再着手脚本设计，绘制插图，设计屏幕样板和定型样本。具体在结构设计中要确定如下内容。

①主题目录。主题目录应体现出良好的设计。确定主题目录的同时要设定其他主题内容，所以应以整个项目为一体，形成一致而有远见的设计。主题目录将是整个系统的查询中心。

②层次结构和浏览顺序。要建立每个问题相关主题的层次关系及其对项目显示信息顺序的影响。为使用户更好地理解内容，需建立其浏览顺序。

③交叉跳转的确定。在多媒体应用设计中，可通过超媒体链接结构实现。超链接是非线性的信息节点自由链接，是指从一个静态对象（如按钮、图标或屏幕上的一个区域等）激活一个动作或跳转到另一个相关数据对象的链接。这种网状结构的复杂信息链路使用户可以用不同方式查询各节点的内容，自主性强，但又容易造成用户"迷路"。为了使用户随时可直接确定所在的位置，以决定下一步操作，导航策略设计必不可少。导航设计有全局导航图导航、学习路径导航、索引导航、联机帮助导航、热字和按钮导航等多种导航机制。

多媒体应用系统的结构设计一般采用模块化设计，设计时要注意以下几点。

①模块的合理划分。

②明确模块之间的关系，特别是明确模块的组织结构（层次、网状、线性以及超媒体结构）。

③采用超媒体结构时，注意超链接结构和导航策略的设计。

④交互结构的设计能否为用户的参与提供足够的空间，并调动其主动性。

（3）建立设计标准和细则。

确保多媒体设计具有一致的内部设计很重要，如考虑屏幕画面、字体和字形的一致性，各种媒体元素的融合性和整体性等。通常要考虑建立主题设计（信息量与表现形式等），字体使用（以易读美观的原则选定字形、尺寸、颜色等），声音图像动画的信息量、位置及呈现方式等诸项设计标准。

（4）应用系统的创作与生成。

多媒体应用系统的创作由多媒体素材的准备和制作、生成应用系统两部分内容构成。

素材的准备和制作。素材准备和制作是一件费时却又必须做的事。无论动画、文本、声音等媒体文件源于何处，都必须进行数字化处理、编辑，最后转换为系统所要求的存储和表示形式。在多媒体素材的准备过程中要注意以下两点。

①资源共享。准备一个应用程序中的素材时，要尽可能与其他项目共享数据，这样可最大限度收回投资。

②尊重和保护知识产权。不要采用从正式出版的录音带、录像带、光盘上直接获取数据文件的方法，也不要直接截取影视产品中的图像，以免引起版权纠纷。在引用可自由使用的媒体素材时，也应注明作者和出处。

应用系统生成。编码与素材集成是应用系统生成的过程。许多多媒体/超媒体创作工具实际就是集成制作工具，即对已加工好的素材按照脚本设计进行最后的处理和合成。

应用系统可由软件开发人员用编码设计实现，或由熟悉创作工具的设计者利用集成工具或开发平台完成。若采用程序编码设计多媒体应用系统，首先要选择功能强的可视化编程环境，如 VB 或 C++ 等。

若采用集成工具或开发平台，关键是设计者应对所选用的集成工具或创作平台有充分的了解且能熟练操作，才可高效率地完成应用系统的制作。

选择多媒体创作工具可大大缩短开发周期，因为各种创作工具虽功能和操作方法不同，但都有操作多媒体信息进行全屏幕动态综合处理的能力，具体包括如下几点。

①提供良好的编程环境以及对各种媒体数据流的控制能力。

②处理各种媒体数据的能力。

③构造或生成应用系统。

④应用程序链接能力，能够提供超链接功能。

⑤用户界面处理和人机交互功能。

⑥预演与独立播放能力。

设计者要根据现有的多媒体硬件环境和应用系统设计要求，选择合适的创作工具，从而高效、方便地进行多媒体编辑集成和系统生成工作。

总的来说，多媒体应用程序制作是一项综合性的系统工程，它不仅包括软件设计的各种技巧和艺术修养，如文字编辑、美术编辑、音乐编辑、场景及角色设计等，高水平的设计还会涉及计算机应用领域的数据检索、知识处理以及人工智能等诸多方面的技术。

（5）系统的测试与运行。

无论是用编程环境，还是用创作工具，当完成一个多媒体系统的详细设计后，一定要进行系统测试。其目的是发现设计中的错误、功能中的缺陷等。

多媒体应用系统中的模块功能测试应按设计目标要求逐项检查各个模块。当模块集成后，形成一个可执行文件。设计者要根据用户的反馈意见，不断清除错误，以强化系统的可用性、可靠性及功能。

第二节 多媒体应用系统创作软件

一、多媒体创作软件分类

常用的多媒体创作工具主要可以分为以下几类。

1. 基于高级程序设计语言的创作工具

利用目前比较流行的面向对象程序设计语言，如 VisualC++、Eiffel Smalltalk、Java 等可以开发一些多媒体应用系统。这些软件一般可以充分利用操作系统的媒体控制指令（MCI）和应用程序接口（API）来扩展多媒体的功能。

2. 基于电子著作系统的创作工具

Tool Book 是美国 Asymetrix 公司开发的多媒体创作工具，比较适合制作交互式在线学习的多媒体课件和百科全书类的多媒体作品。

在 Tool Book 中通常把多媒体光盘称为书，而书中的每一个窗口（或场景）称为页。Tool Book 提供了许多可以效仿或直接利用的样例，易学易用，脚本语言 Open Script 类似于 Visual Basic，需要调用许多 Windows 动态链接库来实现其功能。如果进行高级开发则需要了解各类对象的结构和消息传递机制，了解函数调用和函数返回值的运用。

3. 基于流程图的创作工具

Macromedia 公司开发的 Authorware 是一个基于图标和流程线的多媒体创作工具，多用于多媒体素材的集成和组织。Authorware 操作简单，程序流程明了，开发效率高。

4. 基于时间序列的创作工具

Director 是 Macromedia 公司（现已被 Adobe 公司收购）开发的用于创建多媒体交互程序的创作工具，非常适合制作交互式多媒体演示产品和娱乐光盘。Director 是基于时间序列的创作工具，类似于电影的编导过程，Director 借鉴了影视制作的形式，按照对象的出场时间设计规划整个作品的表现方式，让用户充当"导演"，按照"剧本"安排"演员"在"舞台"上进行表演。

与其他多媒体创作工具相比，Director 具有以下几个特点。

（1）界面简洁实用。Director 提供了专业的编辑环境、高级的调试工具和方便的属性面板。

（2）支持多种媒体类型 Director 支持多种图片格式、图像合成、动画同步和声音播放效果等 40 多种媒体类型。

（3）功能强大的脚本工具。一般用户可以通过拖放预设的行为来完成脚本的制作，专业用户则可以通过 Lingo 脚本语言制作更炫目的效果。

（4）独有的三维空间。利用 Director 独有的 Shockwave 3D 引擎，可以轻松创建出互动的三维空间，制作交互的三维游戏等。

（5）支持多种运行环境。Director 作品可以发布在 CD 或 DVD 上，或以 Shockwave 的形式发布在网络上。Director 支持多种操作系统，包括 Windows 和 Mac OS X。

（6）可扩展性强。利用第三方提供的功能各异的插件，可以让 Director 的功能得到无限扩展。

5. 网络多媒体创作工具

Flash 是以时间轴为基准的网络多媒体工具。由于 Flash 能够在较低文件传输数据率下实现高质量的动画效果，所以 Flash 动画在网络中得到了广泛的应用。

Flash 动画的主要特点是文件数据量小、图像质量高、矢量图形可以进行任意缩放、交互式动画和流式播放等。除了制作网页动画之外，其还被广泛应用于交互式软件的开发、展示和教学课件的制作。

二、多媒体创作软件介绍

多媒体集成、开发工具与普通计算机程序开发工具不同，即使不编写程序也可能创作出很优秀的多媒体软件产品。这主要是因为多媒体应用软件的基本框架和各种功能大多可以由多媒体开发工具自动实现。同时，通过嵌入程序代码（脚本）能够增加多媒体应用软件产品的功能和灵活性。

常用的多媒体集成、开发工具有 Authorware、Director 和 Tool Book 等，这些工具都有自己的特色及应用领域。

1.Authorware

用户可以使用 Authonvare 提供的图标建立应用的流程图，建立多媒体作品的整理框架，然后逐个编辑每个图标，添加相应的内容。Authorware 提供了脚本语言用于交互设计。Authorware 的动画制作能力不强，但可以用来集成其他多媒体素材制作工具制成的素材，开发出非常优秀的多媒体应用产品。

Authorware 在计算机辅助教学领域以及电子出版物市场的应用非常广泛。

2.Director

Director 是 Macromedia 公司 1989 年推出的产品，是目前最优秀的计算机多媒体集成工具之一，它提供了完善的多媒体集成功能，能够跨平台使用。Director 作品有多种发布形式，既可以将作品发布在光盘上，也可以发布在网络上。

Director 是一种基于时间线的多媒体集成与开发工具。使用 Director 开发的多媒体作品也被称为 Director 电影。Director 模仿导演电影的过程，使用"演员表"来存放和管理多媒体元素。组成电影的每一个元素（图像、声音、脚本和动画等）都可以看作是参与演出的"演员"，所有"演员"都存储在"演员表"中。电影情节发生的地方称为"舞台"，Director 使用"舞台"来编排多媒体元素的空间位置。控制情节的窗口称为"剧本"，Director 通过剧本中的通道来安排多媒体元素（演员）的出场顺序、特技效果和交互功能。

Director 提供了专业的编辑环境和容易使用的属性面板，使得 Director 的操作简单方便，大大提高了开发的效率。Director 支持广泛的媒体类型，包括多种图形格式以及 AVI、MP3、WAV 等视频/音频文件和 Flash 动画。为了开发各种特技效果和交互功能，用户可以使用预设的行为或自己编写脚本语言。Director 在多媒体集成能力、二维动画制作能力、交互能力以及作品发布形式的多样性方面的表现都很突出。

3.Tool Book

Tool Book 是一种基于电子著作系统的多媒体制作工具，它将媒体对象安排在页面或卡片的工作环境中，页面或卡片可以用各种方式进行链接。使用 Tool Book 创作多媒体作品的过程如同在编制一本电子书。首先需要建立"书"的整体框架，然后在"书"中添加"页"，再把文字、图像、按钮等元素放入"页"中。使用 Tool Book 提供的脚本设计语言 Open Script 编写代码，可以实现交互式使用。这种电子书有较强的表现力和交互性能，但制作起来比较复杂。

第三节 Authorware 多媒体创作平台

经过多年的发展，Authorware 已成为功能强大、应用广泛的多媒体制作软件，可实现制作方便、文件兼容、跨平台、变量和函数使用方便、支持更加丰富的媒体素材等强大的开发功能，可制作出教育类、游戏类、广告类等多领域的多媒体作品。

Authorware 是基于图标和流程线的多媒体设计平台，使普通用户不需要编写程序代码便可制作出符合使用要求的多媒体应用系统，并提供了丰富的系统变量和系统函数，使一些复杂功能的实现更加简单，具有清晰的整体结构和强大的合成能力。

Authorware7.0是多媒体应用系统开发的典型平台类产品，具有以下主要特点。

（1）面向对象的可视化编程。

Authorware7.0提供了14个形象的设计图标，程序由设计图标和流程线组成。这种流程线方式直观体现了程序的结构和设计思想，整个程序的结构和设计图标在流程线上一目了然。设计图标是通过拖放来实现的，拖放后即根据需求设置其属性，其设计效果是所见即所得的。

（2）丰富的媒体支持与处理能力。

Authorware7.0可以支持文本、图形、图像、音频、视频、动画等媒体的多种文件格式，大大方便了媒体的应用。其本身具有较强的媒体处理能力，能够绘制简单的图形、改变外部媒体的大小和显示方式，实现文本的输入及风格定义等。

（3）具有多样化的交互作用能力。

Authorware7.0提供了11种交互方式，使交互式作品的开发变得简单易行，能够充分体现多媒体应用系统的交互性。用户在使用中可通过不同的方式（按钮、热区域、热对象、下拉菜单等）对流程进行控制，以产生不同的反馈结果。

（4）具有强大的数据处理能力。

Authorware7.0 提供的系统变量和函数可以进行复杂的运算，而且允许开发人员使用自定义的变量和函数，支持开放数据库连接（ODBC）、对象连接与嵌入（OLE）和ActiveX技术，使用这些技术可以开发出更加专业的应用系统，大大增强了Authorware的开发功能。

（5）对网络应用提供了完善的支持。

Authorware7.0通过使用增强的流媒体技术，极大提高了音频、视频的网络应用，支持XML的输入与输出，支持JavaScript的应用，提高了程序运行的效率。

1.Authorware7.0 的启动

在Windows下，Authorware7.0的启动与其他软件的启动方法一致，有以下两种方法。

（1）通过桌面快捷图标启动。

如果桌面上已经有了Authorware7.0桌面快捷图标，直接双击它便可启动 Authorware7.0。如果桌面上没有 Authorware7.0 快捷图标，可执行桌面快捷菜单中的"新建快捷方式"的方法建立桌面快捷图标。

（2）通过"开始"菜单启动

执行"开始"→"程序"→"Macromedia"→"Macromedia Authorware7.0"命令便可启动。

2.Authorware7.0 主界面

启动后进入 Auhorware7.0 的主界面。主界面窗口包括标题栏、菜单栏、常用工具栏、图标选择板、设计窗口等。

（1）图标选择板。

Authorware7.0 的图标选择板包括设计图标、标志旗和图标色彩 3 部分，其中设计图标是 Authorware 程序设计的核心。根据要实现的功能，通过对相应设计图标的拖放，便能实现多媒体程序的开发。

①"显示"图标：用于显示所有要在程序中显示的文本、图形、图像等多媒体对象。文本、图形对象既可从外部导入，也可使用该图标所提供的工具箱进行编辑和绘制。图像只能通过外部导入完成。

②"移动"图标：用于移动显示对象以产生简单的动画效果。移动的对象可以是程序中的任一显示对象。

③"擦除"图标：用于擦除在程序执行过程中不再需要的显示对象。可设置不同的擦除消失效果。

④"等待"图标：实现程序运行的暂停。用于设置一段等待的时间，当等待结束条件成立后，程序才继续往下执行。

⑤"导航"图标：实现在程序内到任意一页的跳转。当程序运行到该图标时，会自动跳转到所指向的页。

⑥"框架"图标：用于设计程序的框架，可实现程序内容的模块化，实现前后页的流程控制。其附属的图标通称为"页"，可作为"导航"图标跳转的目的地。

⑦"判断"图标：用于控制程序流程的走向，实现程序的分支与循环，可决定分支被执行的次数。其附属的图标通称为"分支"图标。

⑧"交互"图标：用于实现与用户的人机对话，提供了 11 种交互方式。其附属的图标通称为"响应"图标。

⑨"运算"图标：用于执行各种运算，可以是执行一个函数、一个表达式或程序代码。运算图标大大地扩展了 Authorware 的功能。

⑩"群组"图标：用于对部分图标进行组合，是一个逻辑功能图标。它

的应用可极大地提高程序的可读性，改善程序的结构化，优化设计窗口空间。

⑪"数字电影"图标：用于在程序中导入一个数字电影文件，并实现对该文件播放的控制。

⑫"声音"图标：用于在程序中导入一个音频文件，实现背景音乐、解说配音等声音效果，并对该音频文件的播放进行控制。

⑬"DVD"图标：用于实现与DVD设备的连接，使DVD视频可以在程序中播放。

⑭"知识对象"图标："知识对象"是带有向导、具有特定功能的程序模块。用户可方便地通过知识对象向导把知识对象嵌入到自己的程序当中，实现特定的功能。

⑮"开始"标志旗：用于设置在调试程序时程序执行的起点位置，可在较大程度上节省程序播放的时间。

⑯"结束"标志旗：用于设置在调试程序时程序执行的终点位置，以提高调试程序的效率。

⑰"图标色彩"：可为所选中的图标着色，以区分图标的层次性、特殊性及重要性，对程序的执行效果产生影响。

（2）设计窗口。

设计窗口是用户进行Authorware多媒体程序编辑的窗口，程序的流程及程序的功能都能在此窗口中反映出来。一个程序可包含一个或多个设计窗口。

设计窗口的标题栏与其他Windows风格的标题栏类似。标题栏显示程序文件名或图标名，当设计窗口的"窗口层次"为"层1"时显示为文件名，否则为图标名。标题栏中的"最大化"按钮永久禁用。

设计窗口左侧的竖直线为流程线。Authorware的程序是在流程线上编辑的，根据所要实现的功能，把对应流程线的图标往流程线上拖放，然后进行相关的编辑与设置即可。

流程线的两端分别有一个矩形标记，分别称为"开始标志"和"结束标志"。程序的执行从"开始标志"开始，根据流程线上箭头的方向执行，到"结束标志"结束。当双击流程线上任意一个"群组"图标时，会打开下一级"设计窗口"，其级别由"窗口层次"标明。在打开的"群组"图标的"设计窗口"中，"开始标志"和"结束标志"分别表示该群组的入口和出口。

流程线左端的"插入指针"表示当前的设计位置，可通过鼠标单击图标与图标名以外的区域来确定其位置。进行图标复制时，"插入指针"所指向的位置即图标粘贴的位置。

（3）演示窗口。

演示窗口提供一个所见即所得的设计环境。它是文本、图像、图形的编辑窗口，是程序执行的输出窗口。进行程序设计时演示窗口中所见的效果与程序设计完成后执行的效果是完全一致的。

在双击"显示"图标时，会弹出"演示窗口"对话框，可在此对话框中导入图像、编辑文本和图形。再单击工具栏上的"运行"按钮或执行"调试播放"命令时，也会弹出"演示窗口"对话框，可以在此对话框中预览程序的执行效果。

一般情况下，在程序设计前应对演示窗口进行必要的设置，否则如程序设计完成后再想改变演示窗口的某些属性（如窗口大小），会带来大量的工作。演示窗口的设置包括演示窗口的背景颜色、窗口大小、标题栏、菜单栏和交互效果等属性。

3. 文件的保存与退出

在程序的设计过程中，若要保存文件，可执行"文件保存"命令，或单击工具栏中的"保存"按钮，或按 Ctrl+S 组合键便可。如是第一次保存该文件，或执行"文件另存为"命令，将弹出"保存文件为"对话框。在对话框中选择文件保存路径（盘符、文件夹）、定义文件名，然后单击"保存"按钮便可。

Authorware 的正常退出方法共有以下四种。

①执行"文件退出"命令。

②按 Ctrl+F4 组合键。

③单击主窗口右上角的"关闭"按钮。

④双击主窗口左上角的"控制菜单"图标。

第四节 Authorware 多媒体素材的应用与动画设计

Authorware 作为一个优秀的多媒体创作平台软件，其最大的特点是可实现多种类型的多媒体素材文件的集成。利用 Authorware 可开发制作出具有文本、图形、图像、音频、视频和动画的多媒体应用系统。

一、素材的应用

1. 音频文件的应用

声音是传播信息极为重要的媒体，是多媒体创作的重要组成部分之一。Authorware 可以使用"声音"设计图标加载、播放和控制声音文件，以增强程序的表现力和感染力。

Authorware7.0支持的音频文件格式有AIFF、MP3、PCM、SWA、VOX、WAVEO使用"声音"图标的一般步骤如下。

①拖放"声音"图标到流程线上并命名。

②双击打开其属性面板，单击"导入"按钮导入声音文件。

③根据设计需要设置相关属性。

如要给多媒体文件增加背景音乐，可通过以下步骤来实现。

①拖放"声音"图标到流程线上并命名为"背景音乐"。

②双击该图标，打开其属性面板。

③单击"导入"按钮，在弹出的对话框中选择所需的声音文件，单击"导入"按钮便可。

定义相关属性的具体操作是在声音图标属性面板中选择"计时"选项卡，单击"执行方式"下拉按钮，在弹出的下拉列表中选择"同时"选项。"执行方式"下拉列表中共有以下三个选项。

①等待直到完成：直到本声音文件播放结束后，才执行流程线上的下一个图标。

②同时：在播放本声音文件的同时，执行流程线上的下一个图标。

③永久：在播放本声音文件的同时，执行流程线上的下一个图标，且在程序执行过程中，该图标始终处于活跃状态，当Authorware系统监测到文本框中的变量或表达式的值为"真"时，即开始播放该声音文件。

"播放"下拉列表用于定义声音文件播放到何时结束，以下两个选项。

①播放次数：选择该选项，在其后的文本框中输入一个常量、变量或表达式来决定声音文件的播放次数。

②直到为真：选择该选项，在其后的文本框中可输入一个常量、变量或表达式来决定声音文件何时停止播放。当文本框中的常量、变量或表达式的值为"真"时，声音文件停止播放。

另外，"开始"文本框用于设置声音文件何时开始播放。当该文本框中的常量、变量或表达式的值为"真"时，声音文件开始播放。默认时，声音文件自动播放一次。选中"等待前一声音完成"复选框后，本声音文件必须等前一声音文件播放完毕后再开始播放。

2. 视频文件的应用

在Authorware中使用视频文件，可使用"数字电影"图标。首先在流程线上需要的位置拖放一个"数字电影"图标，然后打开"数字电影"图标的属性面板。

通过数字电影图标属性面板中的"导入"按钮，便可导入数字视频文件，"数字电影"图标支持的文件格式有 Director 文件（.DIR，.DXR）、Video for Windows。

属性面板中的"帧 1200"表示当前帧为 1200 帧，"共 2455"表示本视频文件共有 2455 帧；"计时"选项卡用来设置数字电影文件的播放同步及播放速率等。

"执行方式"下拉列表中共有如下三个选项。

①等待直到完成：直到本数字电影文件播放结束后，才执行流程线上的下一个图标。

②同时：在播放本数字电影文件的同时，执行流程线上的下一个图标。

③永久：在播放本数字电影文件的同时，执行流程线上的下一个图标，且在程序执行过程中，该图标始终处于活跃状态，当 Authorware 系统监测到文本框中的变量或表达式的值为"真"时，即开始播放该数字电影文件。

"播放"下拉列表用于定义数字电影文件播放到何时结束，其选项有两个。

①播放次数：选择该选项，在其后的文本框中输入一个常量、变量或表达式来决定数字电影文件的播放次数。

②直到为真：选择该选项，在其后的文本框中可输入一个常量、变量或表达式来决定数字电影文件何时停止播放。当文本框中的常量、变量或表达式的值为"真"时，数字电影文件停止播放。

除此之外，还有以下三个文本框用于数字电影文件设置与播放。

①"速率"文本框：用户可设置一个常量、变量或表达式来控制该数字电影文件的播放速率。一般情况下，为保持原有文件的播放速率，该选项不做设置。

②"开始帧"文本框：用于设置数字电影文件播放的起始帧。

③"结束帧"文本框：用于设置数字电影文件播放的结束帧。

3.GIF、Flash、Quick Time 动画文件的应用

GIF、Flash、Quick Time 动画文件的应用，都可通过执行"插入"→"媒体"命令来进行。

当执行"插入"→"媒体"→"Animated GIF"命令时，弹出 Animated GIF Asset Properties 对话框。

在 Animated GIF Asset Properties 对话框中，可通过单击浏览（Browse）按钮来导入 GIF 动画文件。如选中链接（Linked）复选框，则 GIF 文件以链

接的方式与程序相关，程序发行时要带上 GIF 文件，否则 GIF 文件要嵌入到程序之中，打包时与源文件一起打包。如选中直接写屏（Direct to Screen）复选框，则 GIF 动画始终显示在窗口的最前面。

当执行"插入"→"媒体"→"Flash Movie"命令时，弹出 Flash Asset Properties 对话框，其包括以下五个复选框。

①链接（Linked）复选框：选中后 Flash 动画文件以外部文件的方式与程序链接，否则 Flash 动画文件要嵌入到程序之中。

②图像（Image）复选框：用于确定是否播放 Flash 动画中的图像。

③声音（Sound）复选框：用于确定是否播放 Flash 动画中的声音。

④直接写屏（Directto Screen）复选框：用于确定 Flash 动画是否始终显示在窗口的最前面。

⑤循环（Loop）复选框：用于确定 Flash 动画是否循环播放。

要想导入 Quick Time 动画，先应用在计算机上安装 Quick Time4.0 以上版本的软件，否则将无法导入。执行"插入"→"媒体"→"Quick Time"命令，在弹出的"Quick Time Xtra 属性"对话框中进行设置并导入。

二、动画设计

Authorware 具有较强的动画功能，动画素材的应用是以动画文件导入的方式来实现的，还可以通过特效、移动和定位的方式实现。可以使用"移动"图标来实现移动对象的各种运动。

一个"移动"图标只能够控制一个图标中对象一种或多种运动方式，如要对多个对象进行运动控制，必须先把各个对象分别放在不同的图标中方可实现，具体控制方式有以下五种。

①指向固定点：直接直线移动到终点的动画。使移动对象从"演示"窗口的当前位置移动到另一位置。

②指向固定直线上的某点：对象运动的终点沿直线定位。使移动对象从"演示"窗口的当前位置移动到目标直线上的某一位置。其终点位置一定在目标直线上，具体停留点（运动终点）由数值、变量或表达式来指定。

③指向固定区域内某点：对象运动的终点沿区域平面定位。使移动对象从"演示"窗口的当前位置移动到目标区域内的某一位置。其终点位置一定在目标区域内，具体停留点（运动终点）由数值、变量或表达式来指定。

④指向固定路径的终点：对象沿着所给定的运动路径移动到路径的终点。使移动对象从"演示"窗口的当前位置移动到所给定路径的终点。其运动轨由路径来决定，可以是直线，也可以是曲线。

⑤指向固定路径上的任意点：对象沿着所给定的运动路径移动定位。使移动对象从"演示"窗口的当前位置移动到所给定路径上的某一点。其停留的位置不一定是路径的终点，停留位置（运动终点）由数值、变量或表达式来指定。

Authorware 通过以上五种方式提供对象在平面中的运动，丰富了多媒体系统制作的表现手段，增强了媒体的感染力，为用户实现对象的平面运动提供了简易的方法。

"移动"图标的运动设置必须经过以下步骤方可完成，即选择移动对象；选择移动类型；设置移动目标；根据需要设计"层""定时""执行方式"等属性。

第五节 Authorware 交互与流程控制

良好的交互界面是用户对多媒体程序的共同需求，也是多媒体的基本特征之一。Authorware 为用户提供了多样化的交互方式，让用户与程序之间能方便地进行对话，使程序具有强大的可操控性。Authorware 为用户提供了按钮、热区域、热对象等共 11 种交互方式。

Authorware 为用户提供了"决策判断"图标、"框架"图标和"导航"图标，使程序设计的结构化、模块化更便于实现，用户对程序的操控更加灵活，使程序的应用更加人性化。

一、交互作用

交互作用是多媒体系统开发最注重的方面，其体现在用户使用程序的界面和用户与程序进行交互对话的窗口。一个好的多媒体系统必须具有人性化的交互界面。Authorware 为用户提供了 11 种交互方式，设计者可以根据需要选择合适的交互方式。

Authorware 交互作用是通过交互作用分支结构来实现的。单独使用"交互"图标没有任何意义，它必须与其他图标共同组成交互作用分支结构。交互作用分支结构由"交互"图标、"响应"图标和交互类型标记三部分组成。"响应"图标应拖放在"交互"图标的右下方。

交互作用分支结构中的"交互类型"是 Authorware 为用户提供的进入"响应"图标所要完成操作的不同类型。当拖放某图标到"交互"图标的右下方时，就会弹出"交互类型"对话框，对话框中有 11 种交互类型以供选择，用户可根据设计需要来选择相应的交互类型。11 种交互类型如下。

① "按钮"响应：当程序执行到交互作用分支结构时，用户单击某个按钮，则执行相应的响应分支，得到相应的反馈信息。

② "热区域"响应：是在演示窗口设置的一个矩形区域，当用户单击该区域时，则执行相应的响应分支，得到相应的反馈信息。

③ "热对象"响应：是在演示窗口中特定的显示对象，当用户单击该对象时，则执行相应的响应分支，得到相应的反馈信息。热对象可以是任意形状的对象。

④ "目标区"响应：主要应用于用户将特定对象拖放到指定区域的交互。当用户拖放该对象到指定区域（目标区）时，则执行相应的响应分支，得到相应的反馈信息。

⑤ "下拉菜单"响应：设置菜单栏，用户执行菜单栏中下拉菜单的某一命令时，则执行相应的响应分支，得到相应的反馈信息。

⑥ "条件"响应：一般不通过用户的操作来匹配，而是系统自动判断所设置的条件是否成立来决定是否执行相应的响应分支，以得到相应的反馈信息。

⑦ "文本输入"响应：当用户输入的文本与所设置的文本相匹配时，则执行相应的响应分支，得到相应的反馈信息。

⑧ "按键"响应：当用户的按键操作与所设置的按键相匹配时，则执行相应的响应分支，得到相应的反馈信息。

⑨ "重试限制"响应：当程序执行到交互作用分支结构时，会自动计算执行该结构中响应分支的次数，当执行的次数与设置的次数相匹配时，则执行相应的响应分支。

⑩ "时间限制"响应：当程序执行到交互作用分支结构时，会自动计算执行该结构所用的时间，当所用的时间与设置的时间相匹配时，则执行相应的响应分支。

⑪ "事件"响应：用于对流程中的事件进行响应，这些控制事件主要由 Xtm 对象产生和发送。

在 Authorware 中，"交互"设计图标具有安排交互界面、组织交互方式、控制交互作用及反馈结果的作用。当程序执行到交互作用分支结构时，先执行"交互"设计图标中的内容，其作用类似于"显示"图标，然后根据用户的操作，选择相对应的响应分支执行，准确地对用户操作做出正确的响应。如当用户单击该交互作用分支结构中的某个按钮时，程序会执行该按钮所对应的响应分支中的内容。

在交互作用的设计中，通常要设置各响应分支的属性，以控制分支流程的走向、分支内容的擦除时机等。在响应分支的属性面板（双击"类型标记"图标打开）中，"类型"下拉列表框和"响应"选项卡是各种响应所共有的属性。现将各属性一一进行介绍。

"类型"下拉列表框：此下拉列表框中把 Authorware 所提供的 11 种响应类型进行了罗列，用户可通过选择此下拉列表框中的选项来改变当前响应分支的响应类型。

"范围"选项区中的"永久"复选框：如选中此复选框则此响应被设置为永久性响应，在程序的执行过程中随时等待用户进行交互。

"激活条件"文本框：用于设置该响应的激活条件，如该条件的值为 False 时，则响应分支不会做出响应。

"擦除"下拉列表框：用于设置何时擦除响应图标中显示的内容。下拉列表框中共有以下四个选项。

① "在下一次输入之后"选项：在用户完成此次交互之后，开始下次交互的同时，擦除此次交互在演示窗口中显示的内容。

② "在下一次输入之前"选项：在用户完成此次交互之后，马上擦除此次交互在演示窗口中显示的内容。

③ "在退出前"选项：只有在程序执行完此交互作用分支结构，在退出结构之前，擦除此次交互在演示窗口中显示的内容。

④ "不擦除"选项：此响应分支中的显示内容在程序执行过程中（包括退出此交互作用分支结构后）不被擦除。如要擦除它，必须使用"擦除"图标来完成。

"分支"下拉列表框：用于设置响应分支执行完毕后程序流程的走向。一般情况下该下拉列表中有三个选项，当选中"范围"选项区中的"永久"复选框后，会增加一个"返回"选项。

① "重试"选项：程序执行完该响应分支后，流程往右回到交互分支结构的起点，等待下一次交互。

② "继续"选项：程序执行完该响应分支后，流程沿原路径返回并检查此响应分支后面的分支是否符合响应匹配，如匹配则执行该分支，如都不匹配则回到交互分支结构的起点，等待下一次交互。

③ "退出交互"选项：程序执行完该响应分支后，流程往左退出交互分支结构回到主流程线并继续往下执行主流程上的其他设计图标。

④ "返回"选项：程序执行完该响应分支后，跳转到该响应分支的起点并往下执行。

1. "按钮"响应

"按钮"响应是所有响应类型中应用最为广泛的一种交互类型，也是 Authorware 中最为基本的交互类型。

2. "热区域"响应和"热对象"响应

在 Authorware 程序设计中，除了"按钮"响应类型外，还经常使用"热区域"和"热对象"响应。与"按钮"相比，这两种响应类型更容易使程序的界面风格协调一致。

在这两种响应类型中应注意以下两个功能。

"匹配"下拉列表框：用于设置响应分支的匹配方式。其中有"单击""双击"和"指针处于指定区域内"三个选项，分别表示当鼠标单击、双击或移到热区域内时，该响应分支匹配执行。

"鼠标"选项：用于设置鼠标指针处于热区域内时的样式。当程序执行时，热区域矩形框在演示窗口中是不可视的，因此常常用此属性设置鼠标指针为非默认样式以给用户提示。

3. "下拉菜单"响应

在 Authorware 程序设计中，如要创建系统的菜单栏，可使用"下拉菜单"交互类型来实现。下面以通过下拉菜单实现某一程序的音乐控制来说明"下拉菜单"交互类型的设计，其设计过程如下。

要控制"声音"图标中音频的播放，先要设置好"声音"图标中的相关属性。当设置完成后，会弹出"新建变量"对话框。因要使程序开始执行时有背景音乐，因此将"新建变量"对话框中的"初始值"设置为"1"。

删除原菜单栏中的"文件"菜单。在 Authorware 程序中，菜单栏都默认存在一个"文件"菜单组，程序执行时会使用户感觉不便，因此往往要将其删除。在主流程线上拖放"交互"图标，命名为"文件"，并在其右下方拖放一个"群组"图标作为其响应分支，其响应分支属性设置为"永久""返回"，然后拖放一个"擦除"图标到主流程线，把"文件"菜单组擦除。

在主流程线上拖放"交互"图标，命名为"控制"，并在其右下方拖放一个"运算"图标，命名为"开音乐"，响应分支属性设置为"永久""返回"，在"激活条件"文本框中输入"a=0"，在"开音乐"运算图标中输入"a:=1"，用于使"背景音乐"图标中的"开始"属性的值为"tnie"。

在"控制"图标右下方拖放一个"运算"图标，命名为"关音乐"，响应分支属性设置为"永久""返回"，在"激活条件"文本框中输入"a=1"，在"关音乐"运算图标中输入"a：=0"，用于使"背景音乐"图标中的"播放"属性的值为"true"。

二、框架设计与控制

在 Authorware 程序设计中,一般使用导航结构来设计程序的框架,这样可以更好地体现程序的结构化、模块化,方便实现用户对程序流程的控制与随心所欲地执行所需的功能模块。

导航结构由"框架"图标、附属于"框架"图标的页图标和"导航"图标组成。"导航"图标实现的是程序流程的跳转,但其目标只能是导航结构中的页图标。

双击流程线上的"框架"图标,会弹出一个框架窗口。在框架窗口中,分隔线把窗口分成上下两部分,即上方的"入口窗格"和下方的"出口窗格"。Authorware 执行导航结构时,会先执行"入口窗格"中流程线上的内容;在退出导航结构时之前,会先执行"出口窗格"中流程线上的内容。

在导航结构中,程序的跳转是通过"导航"图标实现的。通过对"导航"图标的属性设置,可实现不同类型的跳转。双击"导航"图标,打开"导航"图标的属性面板。

在"导航"图标的属性面板中,"目的地"下拉列表中有以下四个选项。

① "最近"选项:跳转到已执行过的页图标。
② "附近"选项:在框架内部的页图标之间进行跳转。
③ "任意位置"选项:可以向程序中的任意页图标跳转,包括当前框架中的页图标和程序中其他框架中的页图标。
④ "类型"单选按钮组:用于设置跳转到目标页的方式。

第六节 Authorware 文件组织、打包与发布

一、文件的组织

多媒体作品在开发过程中应用了大量的媒体素材,涉及文件繁多,开发的多媒体应用系统如忽略了文件的有效组织,就会造成较为严重的后果,最常见的是用户在使用过程中,程序找不到外部媒体文件或各种媒体的支持文件。这一问题必须在程序的开发过程中有效地解决。在使用外部媒体素材时,还应充分考虑媒体文件数据量的问题,否则会造成程序运行不流畅,系统软硬件资源开支过大,达不到预想的设计效果。

为避免以上情况出现,在媒体素材文件的准备及系统开发的过程中,应做好以下几点。

(1) 对媒体素材文件进行分类管理,分别放在不同的文件夹中。

（2）充分考虑所用媒体素材文件的数据量，必要时使用一些有效的方法减小文件数据量，如进行文件格式的转换等。

（3）在程序设计过程中，导入媒体文件时，应根据所开发程序数据量的大小来设置其导入方式，如开发一个数据量较小的应用程序，最好以"嵌入"的方式（取消选中"链接到文件"复选框）导入，这样程序在打包后具有较好的独立性，发行时不需要附带相关的素材文件。如开发的应用系统较为庞大，则应更多地使用"链接到文件"的方式，以减少执行文件的数据量，保证程序的流畅运行。

（4）在作品发行时，应用上系统与各类媒体文件所需要的支持文件，这些文件一般都可在安装 Authorware 的目录中找到，在程序调试的过程中，根据出现的提示信息到该目录中把提示信息中提示的文件夹或文件复制到发行作品的根目录中即可。其中的 Xtm 文件夹是最基本的，也是必需的文件夹。

二、文件的打包

当程序设计完成、调试成功后，要将程序转制成可执行文件进行发行。Authorware 对程序进行打包后，可形成独立运行的可执行".exe"文件或流媒体文件。

Authorware 的文件打包，可通过执行"文件"→"发布"→"打包"命令来实现，执行该命令后，弹出"打包文件"对话框。

在"打包文件"对话框中进行必要的设置后，单击对话框中的"保存文件并打包"按钮便可完成。

在"打包文件"对话框中有以下四个主要复选框。

① "运行时重组无效的连接"复选框：在打包过程中，Authorware 重新对因某种原因断开的连接进行自动恢复。

② "打包时包含全部内部库"复选框：在打包过程中，Authorware 会将所有与当前程序文件相关库文件的内容加入程序文件中，这样减少了文件的数量，又增强了文件的独立性，但增加了程序文件的数据量。

③ "打包时包含外部之媒体"复选框：在打包过程中，Authorware 会将所有与当前程序文件相关的外部媒体文件（图像、音频、文本，数字电影文件除外），无论是通过嵌入方式还是连接方式导入的，都会打包到程序文件中。

④ "打包时使用默认文件名"复选框：Authorware 使用与源程序文件一样的路径及文件名进行存储（文件后缀名不同）。

三、一键发布

使用 Authorware 提供的一键发布功能，可方便地把程序发布到 Web、CD-ROM 或局域网中。一键发布可以一次性生成".a7r"文件、".amm"文件和 html 文件，可自动收集所需要的支持文件等。

第七节 多媒体数据压缩技术

多媒体产品所涉及的媒体文件种类多、数据量大，保存、传送和携带非常不便，数据压缩技术的应用使上述问题迎刃而解。数据压缩技术既包含硬件技术，又包含软件技术，但是其数据压缩的实现都是数学运算的结果。

数据压缩技术经历了漫长的发展过程，早在 1948 年，奥利弗提出了 PCM 编码理论（Pulse Code Modulation，脉冲编码调制）。该编码理论的提出，标志着数据压缩技术的诞生。

在以后的发展过程中，数据压缩技术得到了不断的发展。1977 年，Lempel-Ziv 压缩技术问世，出现了冗余字符串查找和简短标记替代技术。随后霍夫曼又提出了定量字符变换成变量压缩字符的数据压缩方法。直到 1984 年前后，持续的理论研究和实验已经基本具备了实用性的条件。随后，数据压缩技术的研究进入实用性阶段，数据压缩技术的专利保护机制已经建立起来。1989 年，人类制成了世界上第一个专门用于数据压缩的集成电路。

数据压缩技术的应用领域如下。
①图像信号、视频信号和音频信号的压缩编码。
②文件存储系统和分布式系统的数据压缩编码。
③为数据安全保密而开发的数据压缩编码。
④压缩数据促进了快速算法的研究。

一、数据压缩基本原理

数据压缩的目的是在传送和处理信息时，尽量减少数据量。数据压缩的对象是数据，并不是信息，尽管数据和信息常被人们认为是同一个东西。数据和信息有着不同的概念。数据用来记录和传送信息，是信息的载体。真正有用的不是数据本身，而是数据所携带的信息。

多媒体技术是所有计算机应用领域中信息量最大的领域，音频、视频和图像文件都是几十兆甚至上百兆字节的大文件，多媒体技术所面临的最大难题就是海量数据问题。如果不采用数据压缩技术，将在很大程度上限制多媒体技术的发展。

（一）信息、数据与编码

在多媒体技术中，不论什么媒体形式，它的作用就是承载信息。而数据则是描述媒体的基本单元，编码则是解决数据存储与传送问题的钥匙。

1. 信息量

信息量的大小和消息有一定的关系。在数学上，消息是其出现概率的单调下降函数。信息量越大，消息的可能性越小，反之亦然。信息量是指为了从 N 个相等的可能事件中挑选出一个事件所需的信息度量和含量，所提问"是或否"的次数。也就是说，在 N 个事件中辨识特定的一个事件要询问的"是或否"次数。

2. 信息与数据

信息可以用函数表示，该函数以概率论的观点对信息进行定量描述，该函数是由信息论创始人香农（C.E.Shannon）提出的，信息源 X 的熵是用来度量 X 中每一种消息中所包含的平均信息量。作为信息定量化描述的熵，主要表示信息系统的有序程度，而不是热力学中系统的无序程度。

3. 多媒体信息的数据量

多媒体信息具有注重表达、保持高质量的模拟程度、还原迅速等突出的特点，这意味着要使用大量的数据来描述多媒体信息。未经压缩处理的多媒体数据对信息传输、演示以及保存都非常不利。多媒体信息的数据量可按照每秒钟显示 25 帧画面计算，每秒钟的数据量为 1.2MB × 25=30MB。

可见，多媒体信息的数据量是很大的。如果不对如此大量的数据做任何形式的压缩处理，信息的保存、传输和携带都将成为很大问题。

（二）数据压缩的条件

数据压缩是有条件的，主要表现在以下三个方面。

1. 数据冗余度

音频信号和视频信号等原始数据通常存在很多用处不大的空间，这种空间越多，数据的冗余度也越大。通过数据的压缩，可把这些不用的空间去掉。

2. 人类不敏感因素

一般而言，人类对某些频率的音频信号不敏感，在数据压缩时，可去掉这些不敏感成分，减少数据量。另外，人眼存在视觉掩盖效应，即对亮度比较敏感，而对边缘的强烈变化并不敏感，如果对表现边缘的复杂数据进行适当压缩，也可减少数据量。

3. 信息传输与存储

信息承载在数据上进行传输和存储,在传输和存储前后需要对数据进行压缩处理,其基本原理如图 6-1 所示。

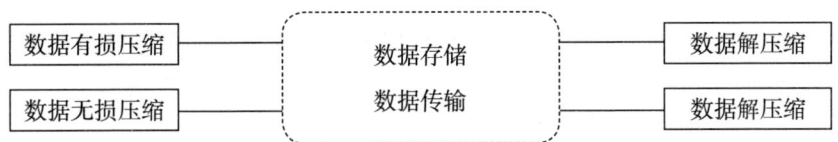

图 6-1　数据传输前后的压缩处理

数据在存储和传输之前,首先进行数据有损压缩或者数据无损压缩,待传输到目的地或读出数据时,再进行数据还原,进行数据的解压缩过程。如果数据被有损压缩,则解压缩后的数据仍然有损,但是只要压缩算法适当、压缩比适当,有损压缩仍可以满足基本的有效数据需求。例如,JPEG 格式的图像数据经过有损压缩和解压缩,如果选择适当的压缩比,其图像质量仍能保持相当高的水平,损失的像素和颜色不易察觉。

(三)数据冗余

1. 冗余的基本概念

冗余是指信息所具有的各种性质中多余的无用空间,其多余的程度叫作冗余度。一般而言,图像和语音的数据冗余度都很大。

例如,播音员的播音语速一般为每分钟 180 字,由于计算机中用 2B(16bit)表示一个汉字,因此播音员每分钟阅读的汉字共占用 360B。为了把播音员的声音数字化,需要以高出播音员声音频率一倍的频率进行采样。这就是说,一般播音员的播音频率为 4kHz,采样频率即为 8kHz。当采用 8bit 的采样精度进行采样时,得到的每秒钟数字音频信号数据量为 8kHz×8bit=64kbit/s。每秒钟的数据量是 8KB,则每分钟的数据量为 8KB/s×60s=480KB/min。比较一下,播音员每分钟阅读的汉字共占用 360B,折合 0.35KB,而经过数字化采样得到的音频信号数据量为 480KB,两者相差 1000 余倍,可见数据冗余现象的严重程度。

2. 冗余分类

信息中数据冗余的现象比较普遍,数据冗余的种类也不尽相同。归纳起来,一般有以下几种冗余现象。

（1）空间冗余。

规则物体的表面具有物理相关性，将其表面数字化后表现为数据冗余。例如白墙上挂着一幅画，拍成数字照片后，墙面除了挂画的地方，其余的地方全部是相同的白色。这就是说，墙面所有像素与相邻颜色信息完全相同，在统计上是冗余的。冗余的像素数据可以压缩，甚至相邻颜色极为接近的像素数据也可以压缩，只要掌握适度就可以保证图像的良好视觉效果。

（2）时间冗余。

视频信号和动画等有序排列的图像很容易产生数据冗余现象。在播放有序排列图像时，相邻画面中同一位置的内容有变化，则这一位置的内容是"活动"的。而相邻画面中的其余内容没有变化，画面视觉效果相对静止，这时，相邻画面无变化的内容构成了时间上的冗余。

（3）统计冗余。

统计冗余是空间冗余和时间冗余的总称。通常采用统计出现概率的办法来鉴别空间冗余和时间冗余，因此空间冗余和时间冗余具有统计特性。例如某图像相邻的同特性像素重复出现的概率非常大，则相邻像素具有相关性，即被确认有冗余发生；而图像的其他像素重复出现概率很小，相邻像素的相关性不大，冗余就会很小或不发生。

（4）结构冗余。

数字图像中具有规则纹理的表面、大面积相互重叠的相同图案、规则有序排列的图形等结构都存在数据冗余，这种结构上的冗余被称为结构冗余。

（5）信息熵冗余。

信息熵冗余也叫编码冗余。信息熵是指一团数据所携带的信息量，信息熵冗余则在一团数据的内部产生。

（6）视觉冗余。

人类的视觉敏感度有一定限度，图像色彩、亮度、层次、轮廓的微小变化一般不易察觉，这就产生了视觉冗余。研究表明，人类对图像的视觉感知不是线性的，呈现不均匀性。人类对亮度的快速变化最为敏感，如灯光闪烁，但亮度变化缓慢时，通常不会被察觉。人类对声音的敏感度也是不均匀的，总是对某些频率的声音特别敏感，而对另一些频率的声音就不太敏感。人类对色彩的变化也有局限性，大多数人只能辨别 2^6 灰度等级的图像，一幅最普通的具有 2^8 灰度等级的图像则很多细节都察觉不到。由此可见，视觉冗余比较普遍。

（7）知识冗余。

知识是人类独有的，凭借经验就可辨识事物，但仍然要进行全面的比较和鉴别。而计算机则没有经验可循，只能按部就班地扫描和处理数据，这种与人类差异所造成的数据冗余就是知识冗余。对一幅画人类凭借经验就可轻松地知道左侧是人物，中间是鱼类，右侧是建筑，与主题无关的不敏感像素被忽略，其数据量要比由计算机逐个像素描述的图像少得多，这种数据量的差异构成了知识冗余。

（8）其他冗余。

除如前所述的若干种数据冗余以外，由于图像空间的非定常特性而产生的冗余与其他种类的冗余，均属于其他冗余之列。

二、数据压缩算法

数据压缩的核心是计算方法，不同的计算方法，会产生不同形式的压缩编码，以解决不同数据的存储与传送问题。实际上，数据冗余类型和数据压缩的算法是对应的，一般根据不同的冗余类型采用不同的编码形式，随后采用特定的技术手段和软硬件，以实现数据压缩。数据的压缩处理一般分以下两个过程。

①编码过程。该过程将原始数据进行压缩，形成压缩编码，然后将压缩编码数据进行传送和存储。

②解码过程。该过程将压缩编码数据进行解压缩，还原成原始数据，供用户使用。

编码过程与解码过程是成对出现的过程，其计算方法严格配套。数据经过编码和解码过程，应不会产生很大损失，否则数据压缩就失去了实际意义。

（一）数据压缩算法分类

数据压缩算法一般按照应用原则进行分类，即考虑解码后的数据与压缩之前的原始数据是否完全一致。如果完全一致，意味着数据没有发生任何损失，对应的压缩算法形成的编码称为无损压缩编码；如果解码后的数据与原始数据不一致，则是有损压缩编码。

1. 无损压缩编码

无损压缩编码是无损压缩形成的编码，该编码在压缩时不丢失数据，还原后的数据与原始数据完全一致。无损压缩具有可恢复性和可逆性，不存在任何误差。

无损压缩编码基于信息熵原理，属于可逆编码（Reversible coding）。可逆是指压缩的数据可以不折不扣地还原成原始数据。

可逆编码与被处理的信息熵有关，其压缩比一般不高，这主要是由于该编码方法必须保证数据无损，必要的数据量比较大的缘故。

可逆编码一般用于要求严格、不允许丢失数据的场合。例如，医疗诊断中的成像系统、声音鉴别系统、星际探测的图像传送、卫星通信、全球定位系统、传真、网络通信等。

2. 有损压缩编码

有损压缩编码是有损压缩形成的编码，该编码在压缩时舍弃了部分数据，还原后的数据与原始数据存在差异，有损压缩具有不可恢复性和不可逆性。

有损压缩编码属于不可逆编码（Non Reversible coding），种类较多，主要的编码类型有以下六种。

（1）预测编码，即基于线性预测原理的编码，主要用于对数据冗余进行压缩。由于图像中相邻像点的相关性较强，若其中一点已经被编码，便可预测并估计相邻像点的编码模式。

（2）PCM编码，即脉冲编码调制编码，其主要用于对连续语音信号进行空间采样、量化和进行数字编码。其中，空间采样和量化是针对模拟量转换成数字量而进行的，数字编码则是针对数字化了的音频信号而进行的。PCM编码直接对音频信号进行模数转换，只要采样频率足够高，采样精度足够大，解码后的数字音频信号质量也就比较高。这种对声音直接量化的方法数据量大，因此要求信号传输速率高。

（3）量化与矢量量化编码，即基于矢量量化原理的编码。把模拟量转换成数字量需经过量化过程，若量化数据在动态范围内的概率密度呈均匀分布的话，则可等间隔地区分量化的级别。对图像的像点进行量化时，一般可每次量化一个像点，但也能量化一组像点，量化一组像点的做法叫作矢量量化。

（4）频段划分编码，即基于频段划分处理原理的编码。当图像数据变换到频域后，先按照频率分布划分频段，然后对各频段进行不同的量化处理，使组合方式达到最优。

（5）变换编码，即基于正交变换原理的编码。这种编码主要用于对统计冗余和视觉冗余进行压缩。该编码把图像光强矩阵的时域信号变换成频域分布信号，然后进行处理。

（6）知识编码，即基于知识的编码。这种编码将人类知识用参数进行描述，形成一个规则库，然后再根据规则库中的参数，对图像进行编码和解码。

除了上述编码以外，还有基于分层处理的分层编码等。

（二）预测编码

预测编码是有损压缩编码，现代统计学和控制论是该编码的理论基础，主要用于对统计冗余进行压缩。

1. 预测编码的基本原理

根据算法模型，用原有的样本值对新样本进行预测，得到新样本的预测值，接着取新样本的实际数值，然后和预测值进行比较，二者相减得到差值，最后对差值进行编码，这就是预测编码形成的基本过程。预测编码的关键是算法模型，如果算法模塑比较理想，则样本序列在时间上具有较强的相关性，差值的幅度将远远小于原始信号，从而获得较大的压缩比。

2. 预测编码的应用

预测编码是图像的传输和存储方面常用的编码方法。对于图像而言，预测的对象是下一个像点、下一条线或下一帧，这些通常都存在冗余。在一帧图像内，相邻像点之间的相关性比较强，任何像点都可以通过已知样本值进行预测。而对于连续的多帧图像，新一帧通常保留前一帧的部分内容，例如背景和静止不动的物体。进行预测编码时，首先存储当前内容，例如图像的像点、帧或线，接着把当前内容作为样板，与下一帧图像内容进行比较（预测），找出不同点，并把不同点进行存储或传输，而相同点则是数据冗余，予以剔除。这时的数据量将会大幅度减少，压缩效果明显。

在现实中，理想的算法模型是不存在的，没有一个数学模型能够完全取代信息源。实际上，算法模型通常由预测器替代。预测器独立工作，不直接涉及数据源，它通常是获取当前样本，并以最小的误差对下一个新样本做预测。在预测时，利用样本的线性或非线性特性，计算最小均方量化误差，并以此作为最优量化基础。

3. DPCM 预测压缩算法

DPCM 是差分脉冲编码调制算法，主要用于对图像的像素进行预测，并进行压缩处理。差分脉冲编码的基本工作原理如下。

首先比较相邻的两个像素，如果两个像素之间存在差异，则将差异之处的差值传送出去；若比较的像素之间没有差异，则不传送差值。由于图像中相邻像素通常是类似的，即具有一定的相关性，像素之间的差异很小，因此传送出去的差值总是少于整个图像的像素值，达到了减少数据量的目的。

4. ADPCM 自适应差分脉冲编码

ADPCM 自适应差分脉冲编码调制的编码具有自适应特性，该编码包括自适应量化和自适应预测两种形式，主要用于对中等质量的音频信号进行高效率压缩，例如语音信号的压缩、调幅广播音质的信号压缩等。

（1）自适应量化。在一定的量化级数下，减少量化误差或在相同误差情况下压缩数据，并且根据信号分布不均匀的特点，随输入信号的变化而改变量化区间的大小，以保证输入量化器的信号比较均匀，这种输入信号的自动调节能力就是自适应量化。自适应量化必须具有对输入信号幅度值的估算能力，否则无法确定信号改变量的大小。若估算在量化输入端进行，则称为"前馈自适应"；若估算在量化输出端进行，则称为"反馈自适应"。

（2）自适应预测。自适应预测是根据常见的信息源求得多组固定的预测参数，再将预测参数提供给编码使用。在实际编码时，根据信息源的特性，以实际值与预测值的均方差最小为原则，自适应选择其中一组固定的预测参数进行编码。这样，既增加了预测的准确度，又降低了计算的复杂程度，提高了编码效率。ADPCM 编码是 DPCM 编码的发展，其通过调整量化的步长，使不同频段内的量化字长发生改变，进而使数据得到进一步的压缩。

上述预测编码均采用压缩图像数据的空间冗余和时间冗余的方法，手段简捷、易于实现，但要求数据传输速度很高。另外，预测编码方法的压缩能力有限。为了进一步提高数据压缩能力，可采用其他编码方法，变换编码就是其中的一种。

（三）变换编码

变换编码是一种对统计冗余进行压缩的方法，属于有损压缩编码，主要用于图像的数据压缩。变换编码首先对时域的信号进行函数运算，将信号变换到频域上，然后在频域上对变换后的信号进行编码。在频域上，信息是按照频谱的能量和频率分布进行排列的。

在实际应用中，完成函数运算及其变换的算法很多，常用的有卡胡南·劳埃夫变换、离散傅立叶变换、离散余弦变换以及沃尔什变换等变换。在图像数据压缩中，将对描述像素的二维数组进行变换，其目的是减少数组的数据量，便于传输和存储。解压缩时，变换编码将反向进行，即进行所谓的"反变换"，利用反变换可恢复原来的数据。

（四）统计编码

统计编码有别于预测编码和变换编码，该编码形式是根据消息出现概率的分布特性而进行工作的，属于无损压缩编码。统计编码需在消息和码字之间确定严格的对应关系或至少是极为接近的对应关系，以便在恢复数据时，准确无误或极为近似地再现原来面貌。

通常情况下，图像中的某些数据出现概率比较高，而另一些数据的出现概率则相对较低。统计编码对于出现概率高的数据分配短码，对于出现概率低的数据分配长码,此种方式使总数据流量降低,达到压缩数据的目的。由于统计编码并未舍弃数据冗余,只是改变了编码分配的长度,因此统计编码可达到无损压缩的程度,属于无损压缩编码。常用的统计编码有霍夫曼编码、行程编码、算术编码、香农编码等。

(五)霍夫曼编码原理

霍夫曼编码是统计编码的一种,属于无损压缩编码。该编码方法早在1952年为文本文件而建立,现在已经派生出很多变体。霍夫曼编码的码长是变化的,对于出现频率高的信息,编码的长度较短;而对于出现频率低的信息,编码长度较长。这样,处理全部信息的总码长一定小于实际信息的符号长度。根据这一原理,霍夫曼编码的实际编码过程应按照如下步骤进行。

①将信号源的符号按照出现概率递减的顺序排列。
②将两个最小出现概率进行相加,得到的结果作为新符号的出现概率。
③重复进行步骤①和②,直到概率相加的结果等于1为止。
④在合并运算时,概率大的符号用编码0表示,概率小的符号用编码1表示。

当信号源符号的概率为2的负幂次方时,编码效率最高。若信号源符号的概率相等,则编码效率最低。霍夫曼编码成功与否,取决于是否能精确统计原始文件的字符值。为了保证精确度,霍夫曼编码通常采用两次扫描的办法,第一次扫描得到统计结果,第二次扫描进行编码。

在数据压缩领域,霍夫曼编码具有一些明显的特点。

(1)由于编码长度可变,因此译码时间较长,使得霍夫曼编码的压缩与还原相当费时。

(2)编码长度不统一,硬件实现有难度。

(3)为避免高误码率,霍夫曼编码一般采用双字长编码,概率高的字长短,概率低的字长长。

(4)对不同信号源的编码效率不同,当信号源的符号概率为2的负幂次方时,达到100%的编码效率;若信号源符号的概率相等,则编码效率最低。

(5)霍夫曼编码表是编码的重要依据,为了节省编码时间,通常把霍夫曼编码表存储在发送端和接收端。否则,在进行编码时还要传送编码表,在很大程度上延长了编码时间。

(六)行程编码原理

行程编码又称"运行长度编码"或"游程编码",是一种统计编码,该编码属于无损压缩编码。行程编码的基本原理是用一个符号值或串长代替具有相同值的连续符号（连续符号构成了一段连续的行程，行程编码因此而得名），使符号长度少于原始数据的长度。

行程编码分为定长行程编码和不定长行程编码两种类型。定长行程编码使用的编码位数固定，当行程长度超过能够表达的编码位数后，用下一个行程对超出部分进行编码；不定长行程编码的位数由行程的长短确定，是不固定的。

行程编码是连续精确的编码，在传输过程中，如果其中一位符号发生错误，即可影响整个编码序列，使行程编码无法还原回原始数据。其解决的办法是编码的行和列均分别采取同步措施，错误一旦发生，只存在出错的行或列中，不会扩散到其他编码序列中，限制了错误的作用范围。

（七）算术编码原理

算术编码是无损压缩编码，属于统计编码。该编码是20世纪60年代由Elias提出的，某些方面优于霍夫曼编码，算术编码不要求数据分块输入，信息紧凑，计算效率高，可较容易地定义自适应模式。因此，在JPEG标准的扩展系统中，算术编码已经取代了霍夫曼编码。

算术编码的基本原理是将被编码的信息表示成实数轴上0和1之间的间隔，信息越长，间隔越小，表示这一间隔所需的二进制位数就越多。算术编码有以下四个特点。

（1）算术编码有基于概率统计的固定模式，也有相对灵活的自适应模式。所谓自适应模式的工作方式是为各个符号设定相同的概率初始值，然后根据出现的符号做相应的改变，得到改变值。由于其编码和解码使用同样的初始值和改变值，因此概率模型要保持一致。

（2）自适应模式适用于不进行概率统计的场合。

（3）当信号源符号的出现概率接近时，算术编码的效率高于霍夫曼编码。

（4）算术编码的实现比霍夫曼编码复杂，但在图像测试中表明，算术编码效率比霍夫曼编码效率高5%左右。

（八）LZW压缩编码

LZW压缩编码是一种先进的数据压缩技术，属于无损压缩编码，该编码主要用于图像数据的压缩。

1977年，两位以色列教授伦佩尔（Lempel）和齐夫（Ziv）提出了查找冗余字符及用较短的符号标记替代冗余字符的概念，并以二人的名字命名了这一概念，称为Lempel-Ziv压缩技术。1985年，美国人韦尔奇（Welch）将Lempel-Ziv压缩技术从概念发展到实际运用阶段，被命名为"Lempel-Ziv-

Welch"压缩技术，简称 LZW 技术。该技术取得了 LZW 专利，被广泛用于图像压缩领域。

1.LZW 压缩基本原理

任何具有可预见性的数据都可以用标记进行表示，即用一种代码表示数据流中的重复字串。LZW 压缩技术就是利用这一原理，把数据流中复杂的数据用简单的代码来表示，并把代码和数据的对应关系建立一个转换表，又叫字符串表，有人也把该表称为编码对照表。转换表是在压缩或解压缩过程中动态生成的表，该表只在进行压缩或解压缩过程中需要，一旦压缩和解压缩结束，该表将不再起任何作用。

压缩过程中生成的转换表，记录了代码和数据的对应关系，并且只用于压缩过程。在解压缩过程中，LZW 压缩编码会生成另一个用于解压缩的转换表，该表与压缩时产生的转换表完全相同，数据以严格对应的无损方式被还原。

2.LZW 压缩的特点

LZW 压缩技术的处理过程比较复杂，该过程完全可逆，对于简单图像和平滑且噪声小的信号源具有较高的压缩比，并具有较高的压缩和解压缩速度。就原理而言，LZW 压缩技术可压缩和解压缩任何类型和格式的数据。具体特点如下。

（1）LZW 压缩技术对于可预测性不大的数据具有较好的处理效果，常用于 GIF 格式的图像压缩，其平均压缩比在 2 : 1 以上，最高压缩比可达到 3 : 1。

（2）对于数据流中连续重复出现的字节和字串，LZW 压缩技术具有很高的压缩比。

（3）除了用于图像数据处理以外，LZW 压缩技术还被用于文本程序等数据压缩领域。

（4）LZW 压缩技术有很多变体，例如常见的 ARC、RKARC、PKZIP 高效压缩程序。

（5）对于任意宽度和像素位长度的图像，都具有稳定的压缩过程。

（6）压缩和解压缩速度较快。

（7）由于算法复杂，甚至有时会出现压缩后的文件反而比原始文件大的情况。

3.LZW 压缩编码过程

在 LZW 压缩编码过程中，主要处理三种数据。

（1）输入流——原始图像数据流。

（2）输出流——压缩生成的代码流，由于代码流比输入流短得多，所以能实现数据的压缩。

（3）字符串表——记录代码与数据的转换关系，这是LZW压缩算法的核心。字符串表最多可存4096项，在压缩过程中，字符串表把压缩过程中遇到的字符串记录其中，在下次又遇到相同字符串时，就用很短的代码取代字符串，生成输出流。

当字符串表将满时，压缩程序输出一个清除码，对字符串表进行初始化，以便接收新的数据流。当原始图像数据流结束时，压缩程序输出一个图像结束码，通知程序结束压缩过程。解压缩时，程序动作与压缩过程相同。

在LZW压缩程序工作时，开辟了两个缓冲区，即当前前缀码缓冲区和当前串缓冲区。其中，当前前缀码缓冲区用于存放上一次处理的代码；当前串缓冲区用于存放前缀码所代表的字符串和当前接收的字符串，并把两种字符串连接在一起，形成一个字符串。

压缩过程开始时，首先应初始化字符串表，此时前缀码缓冲区和当前串缓冲区都是空的。读入一个字符后，在当前串缓冲区中，前缀码代表的字符串与当前读入的字符衔接在一起，由于前缀码代表的字符串在开始时是空的，因此当前串缓冲区中只有当前读入的字符。此时，字符串表中也只有这一字符。随后，压缩程序把当前串缓冲区中的字符赋值到前缀码中。

接着继续读入下一个字符，判别字符串表中是否有与其相同的字符，如果有，则当前缓冲区中的前缀码与当前读入的字符衔接在一起，形成两个字节的代码。随后，压缩程序再把当前缓冲区中的字符赋值到前缀码中，继续读入字符。

若字符串表中没有相同的字符，则把新读入的字符（新串）添加到字符串表中，然后输出前缀码，形成代码流。最后，压缩程序再把当前串缓冲区中的字符赋值到前缀码中，继续读入字符，重复上述过程。

LZW压缩编码对于一般图像的典型压缩比在1∶1～5∶1，高度图案化的图像可达到10∶1左右。但是，如果图像的随机性很大，很少或没有重复数据，则压缩比很低。

三、静态图像JPEG压缩编码技术

为了在进一步提高静态图像数据压缩比的同时。还能保证图像的基本质量，人们研究制定了JPEG静态图像压缩标准，这是国际通用标准，目前已经商品化。

JPEG静态图像压缩标准对同一帧图像采用两种或两种以上的编码形式，

以期达到质量损失不大而又保证较高压缩比的效果。这种采用多种编码形式的处理方式叫作"混合编码方式"，它是 JPEG 静态图像压缩技术的显著特点。

（一）JPEG 标准的由来

多年来，人们一直在寻找一种压缩比大、图像质量高的压缩编码方式。1986 年，国际电报电话咨询委员会（CCITT）和国际标准化组织（ISO）共同成立了联合图像专家组（JPEG）。该专家组从探讨图像压缩的工业标准和学术意义两个方面入手，着重研究静态图像的压缩技术，建立健全了适合彩色和多级灰度的连续色调静态图像的压缩标准，该标准以联合图像专家组的名字命名，即 JPEG 压缩标准。

1991 年，联合专家组提出 ISO/CD 建议草案——《多灰度静止图像的数字压缩编码标准》，该标准制定了以下四种操作模式。

（1）DCT 顺序编码模式，该模式是基本操作模式，也称基本系统，所有 JPEG 编码解码器都必须支持基本系统。基本系统的编码方案是二维余弦变换。

（2）DCT 递增模式，该模式又叫累进模式。

（3）无失真编码模式。

（4）分层编码模式。

ISO/CD 建议草案经过国际电子技术委员会 ISO/IEC 的批准，正式成为第 10918 号标准，并正式命名为"MPEG 高质量运动图像压缩编码标准"，简称"JPEG 标准"。

（二）JPEG 压缩算法

JPEG 压缩标准适用于连续色调、多级灰度、彩色或黑白图像的数据压缩，其无损压缩比大约为 4∶1；有损压缩比在 10∶1～100∶1。当有损压缩比不大于 40∶1 时，还原的图像在色彩、清晰度、颜色分布等方面与原始图像相比，误差不大，基本上保持了原始图像的风貌。

根据人类眼睛对亮度变化和颜色变化比较敏感的原理，JPEG 压缩标准在对图像数据进行压缩时，着重存储亮度变化和颜色变化，舍弃人们不敏感的成分。在还原图像时，并不重新建立原始图像，而是生成类似的图像，该图像保留了人们敏感的色彩和亮度。

JPEG 压缩算法的特点。

（1）对图像进行帧内编码，每帧色调连续，随机存取。

（2）可在很宽的范围内调节图像的压缩比和图像保真度，解码器可参数化。

（3）对图像进行压缩时，可随意选择期望的压缩比值，从而得到不同质量的图像。

（4）对于硬件环境要求不高，只要有一般的 CPU 运算速度即可。

（5）可运行 DCT 顺序编码模式、DCT 递增模式、无失真编码模式和分层编码模式四种模式。

JPEG 标准定义了两种基本算法，即所谓的混合编码方法。第一种基本算法是基于空间线性预测技术（即差分脉冲编码调制）算法，该算法属于无失真压缩算法，也叫无失真预测编码；第二种基本算法是基于离散余弦变换、行程编码、熵编码的有失真压缩算法，又叫有失真离散余弦压缩编码。

（三）无失真预测编码

无失真预测编码的特点是无损压缩，压缩比一般为 2∶1。无失真预测编码选择了简单的线性预测编码方法，硬件实现容易，重新建立的图像质量与原始图像无差别。无失真预测编码采用 DPCM 压缩算法和霍夫曼压缩算法，因此可以获得不失真的图像质量。

原始图像数据经过无失真编码器进行预测编码，然后把压缩图像数据存储在介质中或传送出去。在使用图像时，经过解码器解码，建立与原始图像一致的不失真图像。

（四）有失真 DCT 压缩编码

有失真压缩编码基于离散余弦变换压缩算法（DCT），因此又叫有失真 DCT 压缩编码。JPEG 有失真压缩算法属于有损压缩形式，该算法按照不同层次分基本系统和增强系统两种。该算法还定义了两种工作模式，即顺序操作模式和累进操作模式。

基本系统采用顺序操作模式，只采用霍夫曼编码方式进行压缩编码；增强系统则采用累进操作模式，是基本系统的扩充和增强，可采用霍夫曼编码或具存自适应能力的算术编码方式进行压缩编码。

1. DCT 系数的量化

压缩数据的关键，是对 DCT 系数进行量化。系数量化一般依据一张量化表提供的元素进行，量化表中的元素是开发人员利用人类视觉特性制作的。量化表中的元素实际上就是量化步长，量化步长由实验测得，在实验中分别对不同频率的视觉阈值进行测量，从而取得不同频率的量化步长。

3. 图像的质量与压缩比

采用 DCT 算法的 JPEG 标准存在失真，即压缩后的图像质量与原始图像的质量是有差别的。但是，只要量化表中的元素更科学、更符合人类视觉敏感度，压缩后的图像就不会产生过大的视觉变化。JPEG 标准的压缩比是可调整的，通常由用户根据需要选择合适的压缩比，压缩比越高，图像质量越差。

四、动态图像 MPEG 压缩编码技术

动态图像系统的播放速度一直是大问题，要想快速、连续、平滑地重现动态图像，数据量不能过大，否则由于计算机处理速度跟不上，将导致播放停顿和抖动。压缩数据量是解决动态图像速度的关键。

动态图像压缩编码技术 MPEG 诞生于 1991 年，后于 1992 年由国际电子技术委员会 ISO/IEC 批准，其标准案号是第 11172 号。动态图像压缩编码技术 MPEG，简称"MPEG 标准"。MPEG 标准是一个通用标准，主要针对全动态图像而设计。该标准分为以下三部分。

（1）MPEG 视频压缩。进行全屏幕动态视频图像的数据压缩，传输速率为 1.5Mbit/s。

（2）MPEG 音频压缩。进行数字音频信号的压缩，传输速率是 128kbit/s 和 192kbit/s。

（3）MPEG 系统——MPEG 标准的算法、软件和硬件。

（一）基本原理

动态图像是一组有序排列的图像，各帧之间的相似处和相同处很多，换言之，相邻帧之间存在着冗余。压缩编码技术的任务是找出帧之间的冗余，然后以帧速度进行预测和压缩。

动态图像中最常见的是视频图像和动画，视频图像的帧速度分别是：

① PAL 制式：25 帧/秒。

② NTSC 制式：30 帧/秒。

对于视频图像和动画，帧之间变化的内容产生动作，没有变化的内容在视觉上是静止的，有无变化是数据压缩的基本依据。

1. 动态图像压缩主要解决的问题

在对动态图像的压缩过程中，压缩系统主要解决以下三个问题。

（1）正确区分静止图像和动态图像。

（2）提取动态图像中的活动成分。

（3）进行帧之间的预测，提供压缩的依据。压缩系统对比两帧对应位置的像点，有变化的像点运算结果为 0，否则为 1。通过简单的运算，即可识别图像的活动成分，并进行相应的编码，达到压缩的目的。

2. 帧的预测编码

动态图像由很多帧组成，帧与帧之间存在冗余，帧的预测编码将把冗余舍弃，只传送和存储有效信号。随着大规模集成电路的发展，预测编码技术所需要的存储容量和运算速度都得到了保证，在很大程度上满足了人们对动态图像进行实时处理的需要。

有两种方法可实现对动态图像的帧进行预测编码。

（1）条件像素补充法。该方法是比较两帧对应位置像素的亮度，若亮度差值超过预先规定的阈值（这就是所谓的"条件"），则认为两个像素有变化，证明像素在画面上是活动的，这时就把所有经过比较判定有变化的像素保存在缓冲存储器中，随后以恒定的速率传送出去，而那些亮度差值未超过阈值的像素，则不予处理。这样，被传送出去的只是帧之间的差值，其数据量在一定程度上减少了许多，实现了数据压缩的目的。

（2）运动补偿法。该方法是 MPEG 标准采用的主要技术，此法对提高压缩比能够起到很大作用，特别对于可视电话系统和电视会议系统，由于画面活动内容很少，其压缩比可得到大幅度提高。运动补偿法首先跟踪画面内的活动状态，并对其进行运动向量的计算，然后加以补偿，最后再利用帧间预测实现最终的压缩目的。

3. 图像的分类

MPEG 标准根据处理图像的性质，把图像分成以下三类。

（1）帧内图像。帧内图像又被称为 I 图像，对此类图像，JPEG 标准是按照静止图像的模式进行压缩处理。主要利用静止图像自身的相关性进行编码，实现数据压缩的目的。帧内图像的压缩比一般不大，属于中度压缩，典型的经过压缩的像素编码为 2bit。

（2）预测图像。预测图像又被称为 P 图像，该图像编码是通过对最近的前一帧 I 图像或者 P 图像进行预测而得到的。预测前一帧 I 图像或者 P 图像的过程叫作前向预测过程，其目的是把前面的图像作为预测下一帧图像的参照物，使图像编码的数据量减少，从而达到数据压缩的目的。

与帧内图像相比，预测图像有较高的压缩比，但由于预测图像编码用预测值取代真实值的缘故，会增加图像的失真。

（3）双向图像。双向图像又被称为 B 图像，其编码过程既可以使用前一帧图像作参照物，又可以使用后一帧图像作参照物，也可以两者同时使用，这就是"双向"的含义。

双向预测可以采用 4 种编码技术，即帧内图像编码、前向预测编码、后向预测编码、双向预测编码。双向图像的压缩方法具有以下明显的特点。

（1）综合了各种压缩编码的优势，最大限度地实现数据压缩，能够获得较高的压缩比。

（2）能够进行多种方式的比较，减少误差。

（3）能够对两帧图像取平均值，以便减少图像切换时的噪声抖动和不稳定因素。

（二）MPEG 技术标准

MPEG 标准分两个发展阶段，即 MPEG-Ⅰ标准发展阶段和 MPEG-Ⅱ标准发展阶段。

1. 第一个发展阶段——MPEG-I 标准

MPEG-I 标准诞生于 1991 年，主要用于对活动图像以及伴音信号进行压缩编码。其主要特点有以下六个。

（1）满足以 1.5Mbit/s 的速率传输视频信号，即压缩信号带宽为 1.5Mbit/s。

（2）对于音频信号，满足单通道 64kbit/s、128kbit/s 和 192kbit/s 的传输速率。

（3）可通过差值运算，在 352×240 画面分辨率上显示活动图像。

（4）MPEG-I 标准分 3 个组成部分，分别是视频、音频和系统。

（5）对于帧内图像，该标准采用二维余弦变换、自适应算术编码、行程编码、变字长编码以及差分脉冲编码。

（6）帧间压缩采用运动补偿预测编码和运动补偿内插编码。

MPEG-I 标准允许采用多种存储介质，例如 CD-ROM、数字录音带、磁盘、CD-R、CD-RW、MO 以及 ISDN 集成服务数字网络与 LAN 局域网络等。MPEG 压缩算法与存储介质的读写特性有紧密的联系。设计时，MPEG 压缩算法必须考虑随机访问、快进快退、检索、倒放、声像同步、容错、延时控制、可编辑特性以及视频窗口设置的灵活性等。

2. 第二个发展阶段——MPEG-Ⅱ标准

MPEG-Ⅱ标准是在 MPEG-I 标准的基础上发展起来的，该标准对 MPEG-I 标准进行了扩充，在功能和压缩效率上取得了显著的进步。MPEG-Ⅱ标准具有如下主要特点。

（1）压缩信号带宽为 4～15Mbit/s，即信号传输速率为 4～15Mbit/s。

（2）支持 NTSC 制式的 720×480 像素画面分辨率，PAL 制式的 720×576 像素画面分辨率，其画面质量达到广播级，适用于 HDTV 高质量电视信号的传送与播放。

（3）MPEG-Ⅱ标准使用的解码器一般同时支持 MPEG-I 和 MPEG-Ⅱ两种标准。

（4）视频信号的传输速率为 30 帧/秒，音频信号的质量可达到 CD 级。

（5）为了在画面质量、数据量和带宽之间寻求最佳值，允许其在一定范围内调整压缩比，一般在 30∶1 的压缩比下，能够保证播放的视频和音频信号达到广播级质量。

（6）最高压缩比为 200∶1，但由于画面中活动内容的多少和人为调整压缩比等因素的影响，大多数情况下达不到最高压缩比。

（7）MPEG-Ⅱ标准用于 DVD 视频信号的压缩标准，DVD 音频信号的压缩标准随制式的不同而不同。对于 PAL 制式，采用 MPEG-Ⅱ标准进行音频信号压缩；对于 NTSC 制式，采用 AC3 音频压缩标准。

3. 时间冗余

MPEG 压缩技术的主要任务是减少时间冗余和空间冗余，以此达到减少数据量的目的。

对于时间冗余，MPEG 压缩技术将每一帧视频图像用 I、P、B 三种图像格式表示，然后再利用运动补偿技术对 P 图像和 B 图像中存在的冗余进行清除，达到压缩数据的目的。其中，运动补偿技术包括运动补偿预测法和运动补偿插补法两种算法。

（1）运动补偿预测法。此算法利用帧与帧之间活动部分的连续运动趋势进行预测，当前图像可看成是前一图像位移的结果，位移的方向和幅度可不同。

（2）运动补偿插补法。此算法按照一定的时间间隔（如 1/15s）取出参考图像，比较两个取出的参考图像，找出其运动规律，然后将运动规律运用于 1/30s 间隔的所有参考图像中。这样，只要对参考图像的运动规律进行编码，就能得到压缩后的视频图像。运动补偿插补法既可以利用前面的参考图像，也可以利用后面的参考图像，经过比较可大幅度减少冗余，提高压缩比。

4. 空间冗余

空间冗余通常发生在 MPEG 标准定义的 I 图像和 P 图像中，变换编码和矢量量化是减少空间冗余常用的算法。由于在视频信号中包含有静止画面和活动内容，因此 MPEG 标准采用了多种压缩技术对其进行处理，如离散余弦变换 DCT 算法、视觉加权的标量量化算法、变长编码等混合编码。

参考文献

[1] 李建芳，江红，余青松. 多媒体技术与应用 [M]. 北京：清华大学出版社，2013.

[2] 庞松鹤，覃海川，许兴国. Photoshop 平面设计与制作 [M]. 北京：清华大学出版社，2010.

[3] 张振宇. 多媒体技术与应用 [M]. 3 版. 北京：科学出版社，2013.

[4] 赵勤. Flash 网页与动画设计 [M]. 南京：南京大学出版社，2012.

[5] 赵洛育，韩东晨. Premiere Pro CS4 影视编辑实例教程 [M]. 北京：清华大学出版社，2010.

[6] 钟玉琢. 多媒体技术基础及应用 [M]. 北京：清华大学出版社，2012.

[7] 晶辰工作室. 最流行图像格式实用参考手册 [M]. 北京：电子工业出版社，1998.

[8] 赵子江. 平面设计艺术 [M]. 北京：机械工业出版社，2005.

[9] 赵子江. 变形动画制作教程 [M]. 北京：机械工业出版社，2000.

[10] 赵子江，宫茜. 网页动画与三维文字动画制作教程 [M]. 北京：机械工业出版社，2000.

[11] 权西瑞. 云环境下数据版权保护方法的研究 [D]. 西安：西安建筑科技大学，2015.

[12] 许波. 基于适度保护原则的数字图书馆版权保护对策研究 [D]. 哈尔滨：黑龙江大学，2007.

[13] 刘小玲. 音视频版权保护系统的研建 [D]. 北京：北京林业大学，2007.

[14] 王红梅. 基于 DRM 的版权资产综合管理技术研究与实现 [D]. 北京：北京邮电大学，2017.

[15] 李丰. 基于水印技术的版权保护协议的研究与实现 [D]. 长春：吉林大学，2008.

[16] 沈洪波. 基于变换域的版权保护图像数字水印方法研究 [D]. 长春：

东北师范大学，2012.

[17] 张稳静. 数字水印及其协议在版权保护中的应用 [D]. 北京：北京邮电大学，2007.

[18] 王文博. P2P 环境下流媒体版权保护系统的设计与实现 [D]. 贵阳：贵州大学，2008.

[19] 张媛媛. 视频版权保护系统的研究 [D]. 西安：陕西科技大学，2013.

[20] 周秀丹. Bango：一种基于锁和钥匙的版权保护服务系统 [D]. 杭州：浙江大学，2008.